AIや3DをWebブラウザーで軽快にこなす

フロントエンド向け
WebAssembly入門

末次 章 [著]

日経BP

はじめに

　WebAssemblyは、Webフロントエンド高速化のために生まれた、低レベルのプログラミング言語です。2015年に発表されてから、急速な進化を遂げています。すべてのWeb開発エンジニアが、注目すべき技術です。

1）利用拡大と標準化

　既に主要なWebブラウザーがWebAssemblyをサポート済みで、普及が進んでいます。たとえば、機械学習ライブラリ「TensorFlow.js」、画像処理ソフト「Photoshop」、ゲームエンジン「Unity」にWebAssemblyが組み込まれ、商用レベルのアプリをWebブラウザーで利用可能にしています。また、Webの標準を統括するWorld Wide Webコンソーシアム（W3C）が、HTML、CSS、JavaScriptに次ぐ第4のWebブラウザー対応言語として承認しており、安心して利用できます。

2）JavaScriptの数十倍の高速演算処理

　WebAssemblyに高速化のために2つの並行処理機能「SIMD」と「Threads」が追加されました。SIMDはCPUの1つの命令を複数のデータに対して同時に行い、Threadsは複数のスレッドを異なるCPUコアで同時に処理します。

　WebAssemblyでこれらの並行処理機能を有効にすると、JavaScriptのみの場合と比べて最大数十倍という驚異的な速度向上が期待できます。本書のサンプルアプリ（第7章）では、20〜40倍の高速化を実現し、JavaScriptだけでは処理が遅くて到底できなかった機械学習による動体検出を実現しています。

3）開発しやすさ

　WebAssemblyは低レベルのプログラミング言語なので、JavaScriptなどの高レベル言語経験者にとっては使いこなすのが困難です。そこで、高レベル言語であるC/C++のソースコードからWebAssembly実行ファイルへコマンド1つで変換するツール（Emscripten）が準備されています。さらに、WebAssembly実行ファイルを組み込んだライブラリ（TensorFlow.jsなど）を使えば、通常のWebアプリと同じJavaScriptで開発ができます。

　一方で課題もあります。WebAssemblyは、HTML、CSS、JavaScriptとは全く異なるため、WebAssemblyに初めて触れる人にとっては、知らない単語や概念が次々と出てきて、なかなか理解が進みません。本書は、フロントエンド分野におけるWebAssemblyの入門書として、基礎知識から開発環境の使い方、機械学習サンプルアプリの実装まで、具体例を使いながら解説します。

2023年11月

末次　章

本書を読む前に

更新情報

本書の訂正情報とサポートは、下記URLで確認してください。

- 日経BPのサイト（書名もしくはISBNで検索してください。ISBNで検索する際は―（ハイフン）を抜いて入力してください）
  https://bookplus.nikkei.com/catalog/

- 本書サポートサイト
  https://www.staffnet.co.jp/hp/pub/support/

本書の読み方

第1章から第7章まで、順番に読まれることを想定しています。

前提知識

HTML、JavaScript、CSS、C言語の基本知識を前提としています。

システム環境

本書は以下のシステム環境でプログラムの作成・実行をしています。それ以外の環境では画面の表示や動作が異なる可能性があります。

- Windows10 Enterprise 22H2　build19045.3570
- Google Chrome　118.0.5993.120
- Node.js　16.14.0
- Python　3.8.2
- Emscripten　3.1.40
- TensorFlow.js　4.11.0

その他

本書の内容については十分な注意を払っておりますが、完全なる正確さを保証するものではありません。訂正情報は適宜、更新情報のWebサイトで公開します。

CONTENTS

第**1**部	基礎知識

第**1**章	**WebAssembly概要**	2

第2章 WebAssembly 開発の基礎 27

第5章　並行処理による高速化　129

WebAssembly

第 1 部

基礎知識

第1章

WebAssembly 概要

第1章ではWebAssembly全体を俯瞰し、基本的な疑問を解消します。なお、これ以降WebAssemblyをWASMと略記することがあります。

1.1 WebAssembly とは

1.1.1 WebAssembly が生まれた背景

WebAssemblyは、Webフロントエンドで動作する、低レベルのプログラミング言語です。2015年に発表されました。

WebAssemblyは、JavaScriptでは処理速度が遅くて問題になるような、アクションゲームや技術計算などの用途において、Webフロントエンドの計算速度をネイティブ（OS上での直接実行）並みに高速化したいという動機から生まれました。

高速化を実現するため、WebAssembly実行ファイルは、開発時にコンパイル・最適化された軽量なバイナリー形式のコードで、専用の仮想マシンで実行されます。

さらに、最近では、マルチスレッドによる並行処理や、1つの命令で複数データの同時処理（ベクトル演算）が機能追加され、高速化の効果がより高まりました。用途や環境に依存しますが、JavaScriptと比べ、数倍〜数十倍の高速化が期待できます。

1.1.2 WebAssembly のコード例

WebAssemblyのコード作成は、低レベルのプログラミングが必要なため、人が直接作成することは、ほとんどありません。通常は、C/C++やRustなどの一般に利用されている高レベルのプログラミング言語でコードを作成後、ツールでWebAssemblyに変換して利用します（図1-1）。

なお、変換手順や利用するツールは、プログラミング言語や環境ごとに異なります。図1-1の例では「Emscripten」と呼ばれるツールを使い、C言語のソースコードをWebAssemblyの実行ファイル（バイナリー形式）へ変換しています。

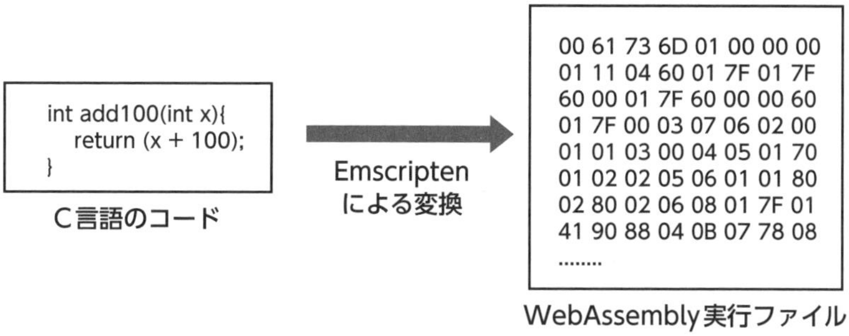

```
00 61 73 6D 01 00 00 00
01 11 04 60 01 7F 01 7F
60 00 01 7F 60 00 00 60
01 7F 00 03 07 06 02 00
01 01 03 00 04 05 01 70
01 02 02 05 06 01 01 80
02 80 02 06 08 01 7F 01
41 90 88 04 0B 07 78 08
........
```

WebAssembly 実行ファイル

```
int add100(int x){
    return (x + 100);
}
```

C言語のコード

Emscripten
による変換

図1-1　C言語のソースコードをWebAssemblyへ変換した例

　参考までに、図1-1のバイナリー形式のWebAssembly実行ファイルを、ツールでテキスト形式に変換した例が、リスト1-1です。

リスト1-1　バイナリー形式のコードをテキスト形式で可視化した例

```
(module
  (type (;0;) (func (param i32) (result i32)))
  (type (;1;) (func (result i32)))
  (type (;2;) (func))
  (type (;3;) (func (param i32)))
  (func (;0;) (type 2)
    nop)
  (func (;1;) (type 0) (param i32) (result i32)
    local.get 0
    i32.const 100
    i32.add)
........
```

　これが、低レベル言語のアセンブラに近いと言われるWebAssemblyのコード記述です。等号による代入文（例：x=x+100）など、見慣れた構文を使用しないため、高レベルのプログラミング言語に慣れた人にとっては、単なる記号の羅列にしか見えないと思います。

　しかし、前述したように、実際のプログラム開発は高レベルのプログラミング言語で行いますので、安心してください。

参考情報　**WebAssembly テキスト形式**

　WebAssemblyのバイナリー形式（実行ファイル）とテキスト形式は、「WABT（WebAssembly Binary Toolkit）」と呼ばれるツールで相互変換が可能です（図1-2）。

図1-2　WebAssembly Binary Toolkit公式サイト

URL https://github.com/WebAssembly/wabt#wabt-the-webassembly-binary-toolkit

　このWABTを利用すれば、バイナリー形式の内容確認だけでなく、テキスト形式を編集後にバイナリー形式に変換することで、バイナリー形式の実行ファイルの変更が可能です。ただし、バイナリー形式のコードを編集するのは高度なチューニングを行うときなどに限定されます。

　なお、テキスト形式の詳細情報は、以下のサイトを参照してください（図1-3）。

図1-3　WebAssembly テキスト形式

URL https://developer.mozilla.org/ja/docs/WebAssembly/Understanding_the_text_format

1.1.3　WebAssemblyの構成要素

　WebAssemblyを実行するためには、これまでのWebの実行環境に加えて新たに5個の構成要素が必要になります（図1-4）。

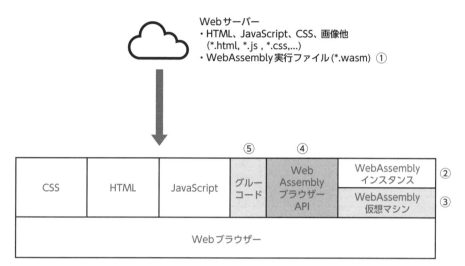

図1-4　WebAssembly実行に必要な5個の構成要素

①WebAssembly実行ファイル

　WebAssemblyの実行ファイル（バイナリー形式）です。ファイルの拡張子は「wasm」を使用します。通常は、高レベルのプログラミング言語のコードから変換して生成します。WebAssembly実行ファイルは、HTMLファイルなどと同様にWebサーバーへアップロードしておきます。

②WebAssemblyインスタンス

　WebサーバーにあるWebAssembly実行ファイルをダウンロードして、起動したインスタンスです。このインスタンスはWebAssembly専用の仮想マシン上で実行されます。

③WebAssembly仮想マシン

　WebAssembly専用の仮想マシンです。WebAssembly実行ファイルのコードを読み取り、実行します。この仮想マシンはWebAssemblyをサポートしているWebブラウザーには組み込まれていますので、インストールやダウンロードは不要です。

④WebAssemblyブラウザーAPI

　JavaScriptからWebAssemblyを制御するためのブラウザーAPIです。「WebAssembly」という名前のオブジェクトが、WebAssemblyに関するすべての機能の名前空間として提供されています（図1-5）。このAPIをJavaScriptから呼び出すことで、WebAssembly実行ファイルのインスタンス化やWebAssemblyインスタンスとの連携が可能になります。

図1-5　WebAssemblyブラウザーAPI

URL https://developer.mozilla.org/ja/docs/WebAssembly/JavaScript_interface

⑤グルーコード

WebAssemblyブラウザーAPIを呼び出して、WebAssemblyのインスタンス化、関数のインポート、エクスポートなどを行うJavaScriptコードです。グルー（Glue）は英語で接着剤を意味します。ここでは、JavaScriptとWebAssemblyという2つの異なる実行環境を、結合する役目をします。

たとえば、以下のグルーコードでWebAssemblyの実行ファイルのダウンロード、インスタンス化、インスタンスの取得ができます（リスト1-2）。

リスト1-2　WebAssemblyインスタンスを取得するためのグルーコード

```
const myObj = await WebAssembly.instantiateStreaming(
        fetch("xxx.wasm")   ①
        ); ②
const  instanceObj = myObj.instance; ③
```

①fetch APIで、WebAssembly実行ファイル（この例では"xxx.wasm"）をダウンロードします。

②WebAssemblyブラウザーAPIのinstantiateStreaming（）メソッドで、実行ファイルのインスタンス化を行います。このメソッドはダウンロードとインスタンス化を同時に処理します。

③起動したWebAssemblyインスタンスを取得して、変数instanceObjへ代入します。

1.2 WebAssemblyの特徴と用途

WebAssemblyの主な特徴と、それを活かした用途を解説します。

1.2.1 計算処理の高速化

環境や処理の内容に依存しますが、JavaScriptと比べ数倍～数十倍の高速化が期待できます。

1) リアルタイム処理[1]

これまではWebでは処理速度が遅くて開発を断念するような、機械学習やメタバースの3Dグラフィックなど、複雑な計算のリアルタイム処理に大きな効果があります。カメラの映像から手の動きを検出する本書のサンプルアプリ（第7章）では、WebAssemblyがJavaScriptの20～40倍の高速化を行い、30フレーム/秒のデータをリアルタイム処理しています。

詳細説明

リアルタイム処理

リアルタイム処理とは、入力されたデータの処理を、指定した時間内に完了することを意味します。

たとえば、カメラからの動画は、通常30フレーム程度で送られてきます。このデータを取りこぼすことなく処理するには、1秒÷30フレーム＝33msec/フレーム（1画面を0.033秒以内に処理完了）という、これまでのWebとは桁違いの高速処理が求められます（図1-6）。

図1-6　指定した時間内（0.033秒以下）で処理完了

2) 技術計算

画像処理、シミュレーション、統計処理などの技術計算の分野では、複雑な計算が繰り返し行われるため、JavaScriptで記述していた計算部分のコードをWebAssemblyに書き替えると、処理時間の短縮が期待できます。たとえば40倍速の場合、40秒かかっていた処理が1秒で完了します。

---

*1 「詳細説明：リアルタイム処理」を参照。

3) ゲーム

カクカクとぎこちなく動いていたゲームの画面が、滑らかな動作になることが期待できます[*2]。

なお、Webサーバーの処理がメインで、Webブラウザーでは単純な計算しか行わない用途（会社紹介Webサイト、顧客管理、在庫管理など）では、それ以上の高速化は期待できません。

1.2.2 JavaScript以外のコード利用

さまざまなプログラミング言語[*3]の既存コードを、WebAssemblyに変換してWebフロントエンドで利用できます。

たとえば、C/C++で作成済みの関数をWebAssemblyへ変換して、Webフロントエンドで利用できます。JavaScriptで同じ機能を新規作成するのと比べ、開発工数と期間を大幅に削減できます。

1.2.3 ブラウザーとサーバーのコード共有

WebAssemblyの実行環境は、Webブラウザー以外の環境にも移植が進められています（「1.7.5　Webブラウザー以外の実行環境」を参照）。

たとえば、フロントエンドとバックエンド（サーバー）のエラー処理などで、同じ処理を異なるプログラミング言語で開発している場合、WebAssemblyでコードを共有すれば、開発・保守の工数を削減できます。

1.3 WebAssemblyの開発環境

1.3.1 利用できる開発言語

ソースコードからWebAssemblyへの変換は、さまざまなプログラミング言語で可能です（図1-7）。

[*2] WebAssemblyの高速化の対象は計算処理のみです。描画速度が遅い場合、高速化は期待できません。

[*3] 「1.3.1　利用できる開発言語」を参照。

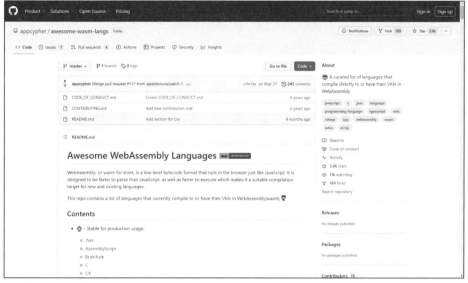

図1-7 WebAssemblyに対応可能なプログラミング言語一覧

URL https://github.com/appcypher/awesome-wasm-langs

　ただし、これらの言語一覧の中には実験レベルのものも含まれるので、利用の前に十分な評価が必要です。

　特に、GC（ガーベッジコレクション）が必要な言語には、注意が必要です。WebAssemblyのGC機能は標準化途中であるため、WebAssemblyの実行ファイル内に独自のGC機能を実装したり、各言語用の仮想マシンをWebAssemblyへ移植したりしている場合があります。このGCの独自実装が原因で、WebAssembly実行ファイルの肥大化や、処理速度の低下が認められることがあります。また、WebAssemblyは静的型付け言語のため、動的型付け言語から変換すると処理速度の低下や機能制限が生じることがあります。

　対応可能なプログラミング言語の中でも、WebAssemblyへ変換するソースコードとしてよく使われるのが、以下の3言語です。順に解説をします。

- ・C/C++　　：変換ツール「Emscripten」を利用
- ・Rust　　　：コンパイル出力をWebAssemblyに設定
- ・TypeScript：変換ツール「AssemblyScript」を利用

1) C/C++

　C/C++のコードからWebAssembly実行ファイルを生成する場合は、「Emscripten」を変換ツールとして利用できます（図1-8）。Emscriptenは多くの利用事例があり、グルーコードの自動生成、OpenGLからWebGLへのコード変換など、開発生産性を向上させる多彩なオプション機能を含んでいます。

図1-8　C/C++からWebAssemblyへの変換

URL https://developer.mozilla.org/ja/docs/WebAssembly/C_to_wasm

2) Rust

　Rustの環境に追加ツールとして「wasm-pack」をインストールすると、コンパイル出力としてWebAssembly実行ファイルの生成ができます（図1-9）。WebAssemblyモジュールを内蔵したnpmパッケージの生成もできます。

図1-9　RustでWebAssembly実行ファイルを生成する

URL https://developer.mozilla.org/ja/docs/WebAssembly/Rust_to_wasm

3) TypeScript

　TypeScriptのコードからWebAssemblyの実行ファイルを生成する場合は、変換ツールとして「AssemblyScript」が利用できます（図1-10）。

図1-10　AssemblyScriptの公式サイト

URL https://www.assemblyscript.org/

　TypeScriptであれば、JavaScript に馴染みのあるWebフロントエンドエンジニアにとっては学習のハードルが下がるというメリットはありますが、開発者が作成するコードはあくまでも「TypeScriptライク」です。一部の構文が利用できなかったり、数値の型名が異なったり、TypeScriptとは似て非なるものなので、既存のコードをそのまま利用できるわけではありません。

　なお、TypeScriptはGC（ガーベッジコレクション）が必要な言語ですので、WebAssembly実行ファイルにGCを組み込む必要があります。AssemblyScriptでは、変換時の-runtimeオプションで組み込むGCを以下の3種類から指定できます。

・incremental：フル機能の自動GC
・minimal：外部から呼び出す必要があるGC
・stub：GCを使用しない

1.3.2　Webブラウザーのサポート

　WebAssemblyは、IE（Internet Explorer）とOpera Miniを除く主要ブラウザーに対応しています（図1-11）。言い換えると、すべての主要ブラウザーがWebAssemblyをサポートしています。

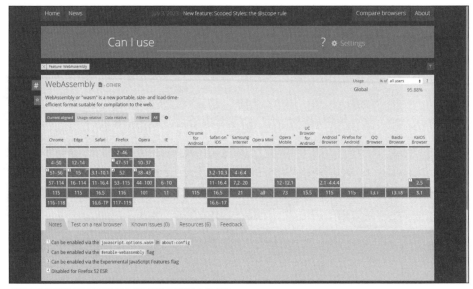

図1-11　WebAssemblyをサポートするWebブラウザー

URL https://caniuse.com/wasm

1.4 WebAssemblyの高速化

　WebAssemblyはJavaScriptと比べて「数倍～数十倍の高速化」と言われても、あまりにも大きな値なので、そのまま信じることは難しいと思います。

　そのような高速化が実現可能であることを理解するため、3種類の高速化手法と、その組み合わせについて解説します[4]。

1.4.1 WebAssemblyに置換

　JavaScriptが実行時にソースコードの構文解析を行うのに対し、WebAssemblyは事前にコンパイル・最適化されたバイナリー形式のコードを準備して、実行時は専用の仮想マシンで実行するので、基本的にJavaScriptより高速な処理が可能です。したがって、JavaScriptで計算処理時間が問題になっている部分のコードをWebAssemblyに置き換えることにより、処理全体の高速化が可能になります。

1.4.2 マルチスレッドの利用

　処理を複数のスレッドに分割して、複数のCPUコアで並行処理することで、高速化が可能です。

*4　実行環境によっては手法の一部が利用できないことがある。

これまでもJavaScriptからWeb Workerを使ってマルチスレッド処理は可能でしたが、JavaScriptとWeb Workerのデータ交換ではオブジェクトのコピーが行われるため、高速処理には不向きでした。一方、WebAssemblyではShared Memory機能でメモリ共有による高速なデータ交換が可能です。

たとえば、CPUコアが4個あるコンピューターにおいて、画像処理対象を4分割して、マルチスレッドで並行処理すると理論上は処理速度が4倍になります（図1-12）[5]。

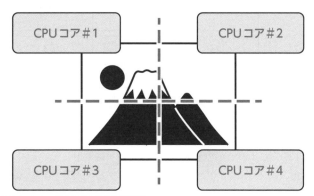

図1-12　処理対象エリアを分割してマルチスレッド処理

01
02
03
04
05
06
07

1.4.3　SIMDの利用

SIMD（Single Instruction Multiple Data）は、1つの命令で複数のデータを並行処理する方式です[6]。

画像処理のような、同じ型のデータに対して同じ演算を繰り返し行う処理であれば、高速化が期待できます。WebAssemblyでは、SIMDの処理を行うために、「v128」いう128ビットのデータ型を準備しています。

v128には、以下のような合計128ビットの複数データを代入できます（図1-13）。

- ・8ビット整数を16個
- ・16ビット整数を8個
- ・32ビット整数を4個
- ・64ビット整数を2個
- ・32ビット浮動小数を4個
- ・64ビット浮動小数を2個

---

*5　1つのCPUコアで複数のスレッドが実行されることもある。その場合は、高速化は期待できない。

*6　使用するCPUがSIMD命令をサポートしていないときは、高速化は期待できない。

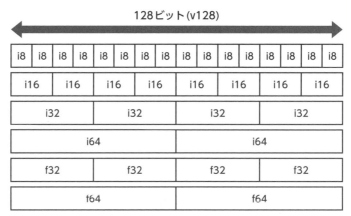

図1-13 v128型は合計128ビットの複数のデータを格納

SIMD 利用例 　1ピクセルの値をRGBA（赤・緑・青・透明度）それぞれ8ビットで表現している画像の場合、v128型には4ピクセル分のデータが代入できます（図1-14）。

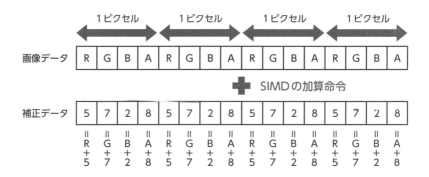

図1-14 1つの命令で16回分の演算を行う例（RGBAはそれぞれ8ビット（0〜255）の値を持つ）

　この画像データに対し、v128型の補正データ（赤の値を＋5、緑の値を＋7、青の値を＋2、透明度の値を+8）を準備して、SIMDの加算命令を実行すると、1つの加算命令で16回分の演算（4ピクセル分の補正）が行われます[7]。

[7] 8ビット整数の加算と、SIMDのv128型の加算では処理時間が異なることがあるので、単純に16倍速にはならない。

1.4.4 高速化手法の組み合わせ

　ここまで紹介した3種類の高速化手法（WebAssemblyへの書き替え、マルチスレッド、SIMD）を組み合わせると、驚異的な速さを実現します。（図1-15）。

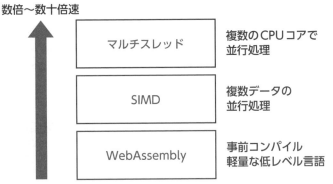

数倍～数十倍速

マルチスレッド	複数のCPUコアで 並行処理
SIMD	複数データの 並行処理
WebAssembly	事前コンパイル 軽量な低レベル言語

図1-15　複数の手法を組み合わせた高速化

　1種類の高速化手法では数倍速であっても、それぞれ独立して効果を生み出せば、かけ算で効いてきます。たとえば、1種類で3倍速できる高速化手法を3種類組み合わせると、3倍速×3倍速×3倍速＝27倍速となり、トータルでは驚異的な高速化が可能になります。たとえば、カメラの映像から手の動きを検出する本書のサンプルアプリ（第7章）では、これら3種類の高速化手法を同時に利用し、JavaScriptの20～40倍速を実現しています。

　なお、高速化手法の実装については第5章で解説します。

> **注意** 高速化が期待できないケース
>
> 以下のようなケースではWebAssemblyによる高速化の期待はできません。
>
> 1) JavaScriptで十分な実行速度が得られている場合は、それ以上の高速化は期待できません。逆に、高速化手法にかかるオーバーヘッドでJavaScriptよりも遅くなることさえあります。
>
> 2) 通信速度やサーバーの処理速度が向上するわけではありませんので、バックエンドとの通信待ち時間の短縮はできません。
>
> 3) WebAssemblyから直接のDOM操作はできません。JavaScriptを経由するので、画面描画速度の向上は期待できません。

1.5 JavaScriptとの連携

1.5.1 WebAssemblyの役割

　WebAssemblyは、JavaScriptを全て置き換えるわけではありません。JavaScriptとWebAssemblyは、JavaScriptが主、WebAssemblyが従の主従関係になります。フロントエンド

のメインルーチンは、従来通りJavaScriptで記述し、WebAssemblyで記述したサブルーチンをJavaScriptが呼び出します。WebAssemblyは、JavaScriptからサブルーチンとして処理の依頼を受け、その処理結果を返します（図1-16）。通常、WebAssemblyが担当するのは、高速化が必要な計算処理、JavaScript以外の言語からWebAssemblyに変換されたライブラリなどです。

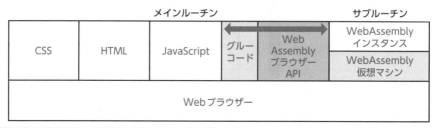

図1-16　WebAssemblyはサブルーチンとして処理の一部を担当

1.5.2　WebAssemblyのセキュリティ

　低レベル言語と聞くと、他のWebアプリやWebブラウザー本体、OSの攻撃など、何でもできてしまうので危険と感じるかもしれません。しかし、WebAssemblyでは仮想マシンが、WebAssemblyインスタンスの外部へのアクセスを隔離（サンドボックス）しているので安全です（図1-17）。

図1-17　仮想マシンがWebAssemblyモジュールを隔離

　ただし、完全に隔離してしまうと、JavaScriptとWebAssemblyの連携が不可能になってしまいます。そこで、グルーコードがWebAssemblyのインスタンス化を行う際に、WebAssembly側からJavaScript側へアクセス可能なオブジェクト（関数、メモリ領域など）を明示的に指定するためインスタンスメソッドの第2引数として渡します（リスト1-3）。

リスト1-3　WebAssemblyインスタンスの取得するためのグルーコード

```
const importObj = {......} ; ①
const myObj = await WebAssembly.instantiateStreaming (
        fetch ("xxx.wasm") ,
        importObj ②
        ) ;
```

　① WebAssemblyがアクセス可能なJavaScript側の関数やメモリ領域などを、オブ

ジェクトとして定義します（この例ではimportObj）。

② WebAssemblyブラウザーAPIのinstantiateStreaming（）メソッドの第2引数にWebAssembly側からアクセス可能なオブジェクト（この例ではimportObj）を渡し、実行ファイルのインスタンス化を行います。

1.6 WebAssemblyの事例

1.6.1 画像処理

1）Adobe Photoshop

　画像処理ソフト「Adobe Photoshop」のWebアプリ版が、WebAssemblyを利用しています。デスクトップ版と比べ、Webアプリ版はインストール不要で、誰でもURLをクリックして簡単にアクセスでき、チーム内の情報共有が容易であるということから、Webアプリ版は開発されました（図1-18）。EmscriptenによりWebAssembly実行ファイルへの変換が行われています。

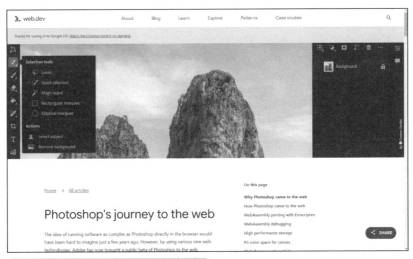

図1-18　Adobe Photoshop Web版の開発の経緯

URL https://web.dev/ps-on-the-web/

2）OpenCV

　OpenCV（Open Source Computer Vision Library）はIntelが開発したオープンソースの多機能画像処理ライブラリで、画像解析、機械学習による識別なども可能です（図1-19）。C++で開発されていますが、EmscriptenによりWebAssemblyに変換されて「OpenCV.js」の名称で、Webブラウザーでの稼働が可能になっています。

図1-19　OpenCV.js公式ページ

URL https://docs.opencv.org/4.x/df/d0a/tutorial_js_intro.html

1.6.2 　3Dグラフィック

1）babylon.js

　babylon.jsは、Microsoftが開発したオープンソースのリアルタイム3Dエンジンです（図1-20）。WebブラウザーのJavaScriptから呼び出して利用します。Emscriptenにより WebAssemblyに変換された高速な物理エンジンを内蔵しています。

図1-20　babylon.js公式ページ

URL https://www.babylonjs.com/

2）Unity

　Unityは、Unity Technologiesが開発・販売するゲームエンジンです（図1-21）。Windows、macOS、iOS、AndroidやWebブラウザー、家庭用ゲーム機（PlayStation、Xbox One、Nintendo Switchなど）といったクロスプラットフォーム対応で、VR/AR/MR機器向けのコンテンツ開発も可能です。WebAssemblyを使い、Unityで制作したコンテンツをWeb版で出力可能です。Web版は、インストール不要でユーザーがすぐに利用できるのがメリットです。

図1-21　Unity公式ブログ

URL https://blog.unity.com/ja/technology/webassembly-is-here

1.6.3　機械学習

1）TensorFlow.js

　TensorFlow.jsは、Googleが開発したオープンソースの機械学習ライブラリです（図1-22）。Webブラウザー上で利用可能です。「バックエンド」と呼ばれるTensorFlow.jsの内部エンジンには、同等の機能を持つJavaScript版、WebGL版、WebAssembly版が準備されており、それらの中から選択できます。TensorFlow.jsは、第6章、第7章のサンプルアプリで体験できます。

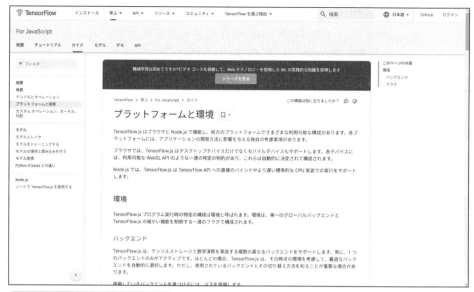

図1-22　TensorFlowバックエンドの紹介

URL https://www.tensorflow.org/js/guide/platform_environment?hl=ja

2) メルカリレンズ

　メルカリレンズは、スマホのカメラで商品をかざしてメルカリでの取引相場や類似商品などの情報を表示するWebアプリです（図1-23）。WebAssemblyと機械学習を組み合わせて動作しています。

図1-23　メルカリ公式の技術ブログ

URL https://engineering.mercari.com/blog/entry/20211222-mercari-lens/

1.7 WebAssembly仕様の標準化

1.7.1 W3Cによる標準化

これまでWebブラウザー向けの新技術には、特定のブラウザー開発元が主導した結果、ブラウザー開発元ごとに仕様にバラツキが生じたり、一部のブラウザーがサポートしなかったりすることがありました。これでは安心して利用できません。

WebAssemblyは、Webの標準を統括するWorld Wide Webコンソーシアム（W3C）が、HTML、CSS、JavaScriptに次ぐ第4のWebブラウザー対応言語として承認し、業界標準として認知されています（図1-24）。

原文

Following HTML, CSS and JavaScript, WebAssembly becomes the fourth language for the Web which allows code to run in the browser

Published: 5 December 2019

Following HTML, CSS and JavaScript, WebAssembly becomes the fourth language for the Web which allows code to run in the browser

Read testimonials from W3C Members

https://www.w3.org/ — 5 December 2019 — The World Wide Web Consortium (W3C) announced today that the WebAssembly Core Specification is now an official web standard, launching a powerful new language for the Web. WebAssembly is a safe, portable, low-level format designed for efficient execution and compact representation of code on modern processors including in a web browser.

WA
WEBASSEMBLY

The arrival of WebAssembly expands the range of applications that

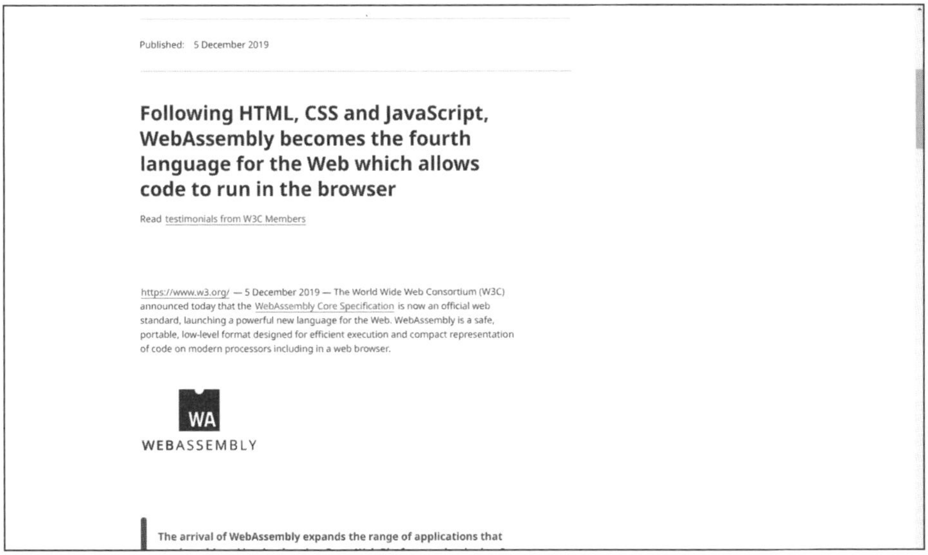

図1-24　WebAssembly標準化完了のプレスリリース

URL https://www.w3.org/press-releases/2019/wasm/

また、WebAssemblyの仕様は、標準化後もアップデートがしっかりと管理され、仕様書の更新が頻繁に行われています。ブラウザー間での仕様のバラツキは最小限に止まっており、開発しやすい環境が維持されています。

仕様の構成

　WebAssemblyは、マルチプラットフォーム対応や新機能追加に柔軟に対応するため、中心となるコア仕様と実行環境ごとのインタフェース仕様の組み合わせで構成されています（図1-25）。

図1-25　WebAssembly仕様の構成

コア仕様

　コア仕様は、以下のサイトで公開されており、頻繁に更新されています（図1-26）。

図1-26　WebAssemblyコア仕様

URL https://webassembly.github.io/spec/core/

> **注意** コア仕様のバージョン表記
>
> WebAssemblyのコア仕様は、Webフロントエンドでよく採用されるセマンティックなバージョン表記（バージョン、リリース、パッチをドットで区切る形式）ではないので、注意が必要です。WebAssemblyでは、初期の仕様をWebAssembly 1.0と呼び、2022年4月に公開した仕様をWebAssembly 2.0と呼びます。WebAssembly2.0の公開以降、仕様拡張が続けられていますが、呼び名はWebAssembly2.0のままで変更がありません。したがって、最新版であることの判断は、バージョン番号ではなく、仕様書のリリース日付で確認します。

1.7.4 コア仕様の拡張

　WebAssemblyコア仕様は、決められたルールに基づき、機能拡張が段階的に行われます。追加機能は「Proposal」と呼ばれ、5段階のフェーズを通過したものだけが、コア仕様にマージされます。Proposalには、「Active：協議中」、「InActive：中止または保留」、「Finished：標準化完了」の3種類の状態があります（図1-27）。

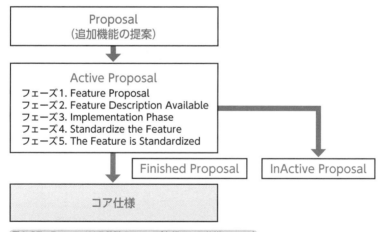

図1-27　Proposalは5段階のフェーズを経てコア仕様にマージ

　5段階のフェーズについての詳細な定義は、以下のサイトで公開されています（図1-28）。

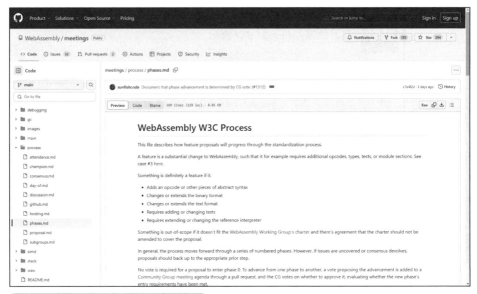

図1-28　WebAssembly追加機能の協議プロセス

URL https://github.com/WebAssembly/meetings/blob/main/process/phases.md

Proposalごとの、状態と現在のフェーズはGitHubで公開されています（図1-29）。これを見れば、利用したい追加機能が、どのような段階にあるか確認できます。

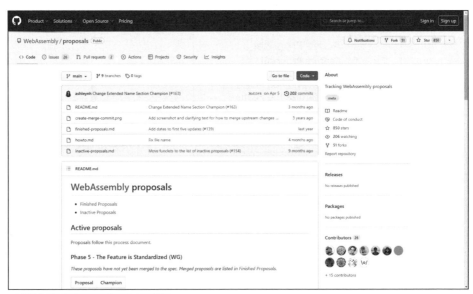

図1-29　標準化が進行中のProposal一覧

URL https://github.com/WebAssembly/proposals

1.7.5 Webブラウザー以外の実行環境

　WebAssemblyは、サーバーやコンテナ基盤などのWebブラウザー以外の実行環境にも広がっています。

　ブラウザー向けのWebAssemblyと、ブラウザー以外のWebAssembly System Interface（WASI）の両方をまとめた業界団体「Bytecode Alliance」が設立され、実行環境に依存しないマルチプラットフォームとしてのWebAssembly標準化に取り組んでいます（図1-30）。

原文

The Bytecode Alliance is a nonprofit organization dedicated to creating secure new software foundations, building on standards such as WebAssembly and WebAssembly System Interface（WASI）.

図1-30　WebAssemblyの普及を推進する団体「Bytecode Alliance」

URL https://bytecodealliance.org/

　Bytecode Allianceには、Amazon、ARM、CISCO、Docker、Intel、Microsoft、Mozilla、VMwareなど、多数の企業が参加しており、Bytecode AllianceのGitHubではサーバー向けや組み込み機器向けのWebAssembly実行環境（ランタイム）やツールが公開されています（図1-31）。

図 1-31　Bytecode　AllianceのGitHub

URL https://github.com/bytecodealliance/

次のステップ

　ここまでが、「第1章　WebAssemblyの概要」になります。いかがだったでしょうか。

　2015年の発表以降、高速化の増強、標準化、主要Webブラウザーのサポート、商用レベルでの利用事例など、WebAssemblyを取り巻く環境が大きく進歩していることを確認しました。

　次の章では、開発手順について、簡単なサンプルアプリを例にコードレベルで解説をします。

第2章

WebAssembly 開発の基礎

第2章では、単純な計算を行うWebAssemblyのサンプルアプリを通じて、開発手順の基本を理解し、これまでのWeb開発との違いを把握します。

なお、WebAssembly実行ファイルの生成には、さまざまな選択肢[*1]がありますが、本書では多くの事例があり、公開技術情報も豊富なEmscriptenを利用して、C/C++から生成します。

2.1 開発環境のセットアップ（Emscripten）

2.1.1 前提ソフトの確認

開発用のローカルWebサーバー（http-server）実行のために、Node.js（v12以上）が必要です。また、Emscriptenのインストーラー実行のために、Python3.6以上が必要です。

1) Node.js

「node -v」コマンドでNode.js のバージョンを確認して、インストール状況を確認します。Node.js が未インストールまたはv12未満の場合は、公式サイトからLTS（長期サポート）版をダウンロードして、インストールします。

■Node.js公式サイト
URL https://nodejs.org

2) Python

「python --version」コマンドでPythonのバージョンを確認して、インストール状況を確認します。Pythonが未インストールまたはv3.6未満（バージョン番号が確認できない場合を含む）の場合は、公式サイトからインストーラーをダウンロードして、インストールします。インストール開始時のダイアログでは、[Add python.exe to PATH] をチェックします（図2-1）。

■Python 公式サイト
URL https://www.python.org/downloads/windows/

---

*1 「1.3.1　利用できる開発言語」を参照。

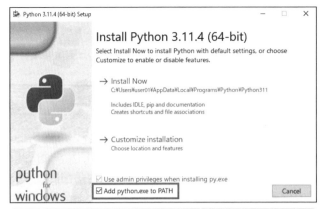

図2-1 インストールのダイアログで［Add python.exe to PATH］をチェック

2.1.2 Emscriptenのインストール

1）インストーラーの取得

GitHubのコマンドやGitHubデスクトップでもインストーラーの入手が可能ですが、ここではGitの環境がインストール済みでなくても利用できる、zip形式でのダウンロード手順を紹介しています。

・ EmscriptenのGitHubサイトで［Code］ボタンをクリックして表示されたメニューから［Download ZIP］を選択して、emscripten-core/emsdkをzip形式で一括ダウンロードします（図2-2）。

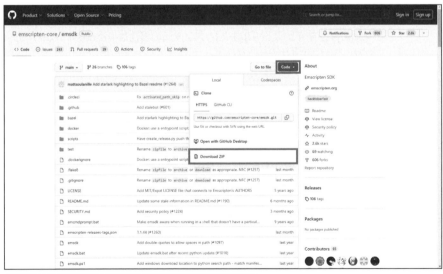

図2-2 emscripten-core/emsdkをzip形式で一括ダウンロード

URL https://github.com/emscripten-core/emsdk

・ ダウンロードした emsdk-main.zip ファイルを展開し、フォルダー名を「emsdk-main」から「emsdk」に変更します。

2) 関連ファイルのダウンロード

・ コマンドプロンプトを開き、前項で作成した emsdk フォルダーにカレントディレクトリを移動します。
・ コマンドプロンプトから以下のコマンドを実行します。

```
emsdk install latest
```

※バージョン指定が必要なときは、emsdk install xx.yy.zzを入力します。

・ インストールにはしばらく時間がかかります。インストール中はログが出力されます。プロンプトが戻ってきたら完了です。

```
.....
Done installing tool 'releases-b905Ø7fcfØ11da61bacfca613569d88
2f7749552-64bit'.
Done installing SDK 'sdk-releases-b905Ø7fcfØ11da61bacfca613569d88
2f7749552-64bit'.
```

3) emsdk の有効化

・ コマンドプロンプトから以下のコマンドを実行します。プロンプトが戻ってきたら完了です。

```
emsdk activate latest
```

4) Emscripten 用の環境変数を設定

・ コマンドプロンプトから以下のコマンドを実行します。

```
emsdk_env.bat
```

5) インストール結果の確認

・ プロンプトが戻ってきたら、コマンドプロンプトから以下のコマンドを実行します。

```
emcc --check
```

※ここでのコマンドは、emsdk ではなく emcc です。

・ 以下のように emcc のバージョン（本書執筆時点では 3.1.40）が表示されればインストール成功です。

```
emcc (Emscripten gcc/clang-like replacement + linker emulating GNU ld)
3.1.4Ø (5c27e79ddØa9c4e27ef2326841698cdd4f6b5784)
shared:INFO: (Emscripten: Running sanity checks)
```

この emcc コマンドで、C/C++のソースコードを WebAssembly の実行ファイルへ変換します。

以上で開発環境のセットアップは完了です。引き続き、サンプルアプリのダウンロードを行います。

　サンプルアプリは、入力欄に入力した数値に100を加算した値を表示します。100を加算する計算は、WebAssemblyが行います。

1) 初期画面が表示されます。

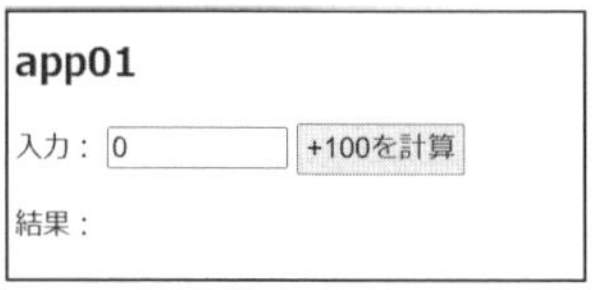

```
app01

入力：[0        ] [+100を計算]

結果：
```

2) 入力欄に計算したい数値を入力し、[+100を計算] ボタンをクリックします。

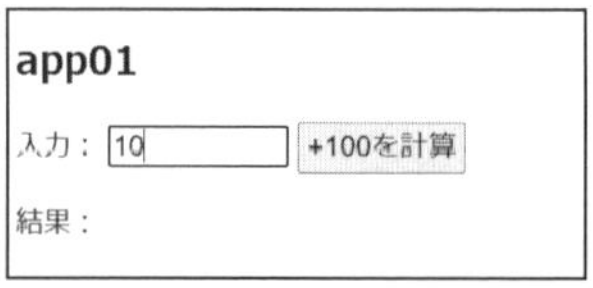

```
app01

入力：[10       ] [+100を計算]

結果：
```

3) 入力した値に100を加算した値を、結果欄に表示します。この例では、10に100を加算した結果として、110が表示されています。

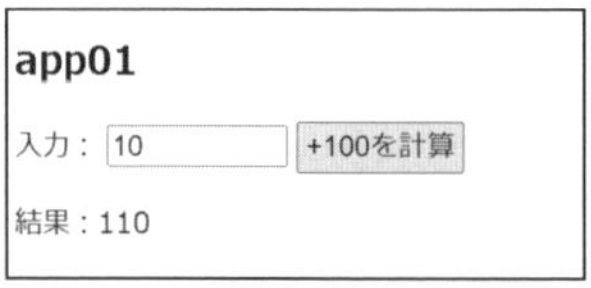

```
app01

入力：[10       ] [+100を計算]

結果：110
```

　本書冒頭の「本書を読む前に」に記載のサポートサイトから、app01の完成版をダウンロードできます。

・app01_YYYYMMDD.7z（YYYYMMDDは更新日）

　ダウンロードしたファイルは7zip ツールで展開し、フォルダー名を「app01_YYYYMMDD」から「app01」に変更します。

■7zip ツール
URL https://7-zip.opensource.jp

　展開後のファイル一覧は以下になります（図2-3）。

```
add100.bat      //Emscripten変換コマンド
add100.c        //WebAssembly変換元ファイル
add100.wasm     //WebAssembly実行ファイル
index.html      //ページの定義
index.js        //グルーコードとイベント処理
style.css       //スタイルの定義
```

図2-3　app01展開後のファイル一覧（npm関連ファイルは省略）

　図2-3のファイル一覧のうち、add100.cとadd100.batは、開発時にWebAssembly実行ファイルへ変換するために利用しますのでWebサーバーには配置しません。add100.cファイルが、add100.batの指示に従いEmscriptenで変換され、add100.wasmが出力されます（図2-4）。

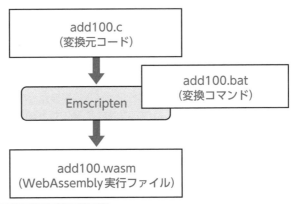

図2-4　WebAssembly実行ファイル変換の流れ

　index.html、style.css、index.js、add100.wasmは、実行時に図2-5のようにWebサーバーに配置されます。

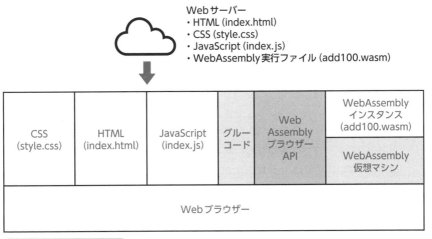

図2-5　実行時のファイル配置

なお、グルーコード、WebAssembly ブラウザーAPI、WebAssembly 仮想マシンは、以下の理由からファイルの割り当てがありません。

- このサンプルアプリではグルーコードが少量なためファイルを作成せず、index.jsに含まれます。
- WebAssembly ブラウザーAPIと WebAssembly 仮想マシンは、Web ブラウザーに組み込まれているので、ファイルの割り当てが不要です。

2.3 ▶ サンプルアプリの詳細

app01フォルダーにダウンロードした、サンプルアプリのファイルの内容を順に解説します。

2.3.1 WebAssembly 変換元ファイル（add100.c）

add100.cは、WebAssembly 実行ファイルの変換元となるC言語のソースコードです。手作業で作成しています。引数に100を加算した値を返す関数add100()を定義しています（リスト2-1）。

リスト2-1　関数add100()

```
// WebAssembly変換元コード
int add100(int x){   ①
    return (x + 100);   ②
}
```

① add100関数の定義です。引数は整数型1個で、戻り値も整数型です。
② 引数に100を加算した結果を、呼び出し元へ返します。
※ JavaScriptと異なり、C言語では、行末のセミコロンは省略できません。

2.3.2 Emscripten コマンドファイル（add100.bat）

add100.batは、emcc コマンドで変換元のソースコードからWebAssembly 実行ファイルへ変換するバッチプログラムです。手作業で作成しています。

emccコマンドを実行する際は、変換元と変換先のファイル指定だけでなく、さまざまなオプションパラメーターの指定を行います。これらオプションを含めて、繰り返し手入力を行うのは不便です。ここでは、add100.batファイルとしてemcc コマンドをオプションパラメーターも含めて一括で実行できるようにしています。内容は、リスト2-2 のように記述しています。

リスト2-2　add100.batの内容

```
emcc add100.c ^  ①
-o add100.wasm ^  ②
-s "EXPORTED_FUNCTIONS=['_add100']" ^  ③
--no-entry  ④
```

① emccコマンドの変換元コードとしてadd100.cを指定します。

② 変換後の出力先として、add100.wasmを指定します。

③ WebAssemblyからJavaScriptへadd100()関数をエクスポート可能にします。
Emscriptenでは関数名の先頭に_（アンダーバー）を加える必要があります。

④ C言語には、起動時にmain()関数を呼び出すというルールがあります。したがって、変換元のコードでmain()関数を実装しない場合は、「--no-entry」オプションでmain()関数が存在しないことを宣言して、エラー発生を回避します。

　なお、^は次の行と連続することを表します。したがって、add100.batはリスト2-3の記述と同等です。

リスト2-3　リスト2-2を1行で表現したもの

```
emcc add100.c -o add100.wasm -s "EXPORTED_FUNCTIONS=['_add100']" --no-
entry
```

　Emscriptenについての詳細は「第3章　Emscriptenの使い方」で解説します。

2.3.3　WebAssembly実行ファイル（add100.wasm）

　add100.wasmファイルは、WebAssembly実行ファイルです。

　変換元ソースコード（add100.c）を、emccコマンドを記述したバッチファイル（add100.bat）で自動変換して生成します。

　ただし、emccコマンドを実行するコマンドプロンプトは、emccにとって適切なパスや環境変数が設定されている必要があります。そこでEmscriptenには、emccの環境を一括で設定するコマンドとして「emcmdprompt.bat」が準備されています（図2-6）。

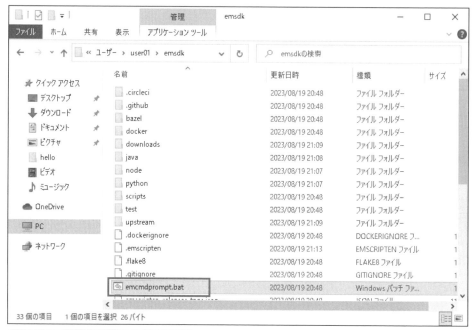

図2-6 emcmdprompt.batの場所（emsdk¥）

　emsdk¥emcmdprompt.batをダブルクリックして実行すると、コマンドプロンプトが開き、emsdkのpathが追加されたり、環境変数に値が代入されたりします（図2-7）

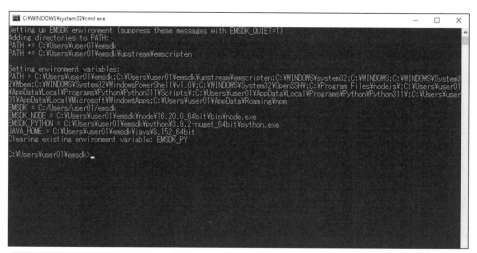

図2-7 emcmdprompt.bat実行時のログ出力

　ここで開いたコマンドプロンプトは閉じるまでの間、emccが実行できる環境が保持されます。したがって、このサンプルアプリでは、emcmdprompt.batで開いたコマンドプロンプトの中でadd100.bat（emccコマンドのバッチプログラム）を実行します。

1) Emscripten用コマンドプロンプトを開く

- emsdk¥emcmdprompt.batをダブルクリックします。
- コマンドプロンプトが開きます。

2) add100.batの実行

- emcmdprompt.batで開いたコマンドプロンプトで、cdコマンドでカレントディレクトリをapp01へ移動します。
- コマンドプロンプトから以下のコマンドを実行します。プロンプトが戻ってきたら変換完了です。

```
add100.bat
```

3) add100.wasmファイルの確認

- コマンドプロンプトから以下のコマンドを実行します。add100.wasmが生成していることを確認します。なお、add100.wasmはダウンロードしたファイルにも含まれていますので、ファイルの更新時刻が直近の時刻であることも確認します。

```
dir add100.wasm
```

---

add100.wasmの内容確認

コマンドプロンプトから以下のコマンドを実行します。add100.wasmのバイナリデータをダンプできます。

```
certutil -dump add100.wasm
```

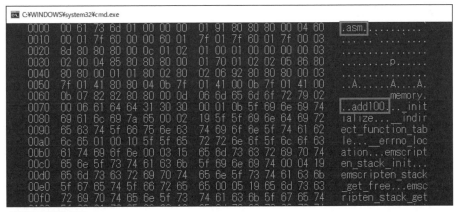

図2-8　ダンプ出力

ダンプ出力（図2-8）を見ると、以下のことがわかります。

- 先頭にWebAssembly実行ファイルであることを示す「asm」が確認できます。
- エクスポートする関数名「add100」が確認できます。

グルーコード (index.js)

　このサンプルアプリのグルーコードは短いので、ボタンのクリックイベントなどのアプリコードとindex.jsファイル内に共存しています。手作業で作成しています。

```javascript
//HTML要素を取得
const inputNum = document.querySelector("#inputNum");  ①
const submitButton = document.querySelector("#submit");  ②
const result = document.querySelector("#result");  ③

(async () => {  ④

  //========グルーコード(開始)========
  //WebAssemblyのインスタンス化
  const myObj = await WebAssembly.instantiateStreaming(
                  fetch("add100.wasm")  ⑤
                );  ⑥

  //WebAssemblyの関数取得
  const { add100 } = myObj.instance.exports;  ⑦
  //========グルーコード(終了)========

  //計算ボタンのクリックイベント処理
  submitButton.addEventListener("click", () => {  ⑧
    const x = parseInt(inputNum.value, 10);
    if (isNaN(x)) {
      result.innerText = "数字を入力してください";
    }else{
      const ret = add100(x);  ⑨
      result.innerText = ret.toString();
    }
  });
})();  ⑩
```

①〜③ 数値の入力欄、ボタン、出力欄のHTML要素への参照を取得します。

④〜⑩ asyncにより、即時実行関数内を非同期の範囲として定義します。

⑤ WebAssembly実行ファイルをダウンロードします。

⑥ WebAssembly.instantiateStreaming()を使って、WebAssembly実行ファイルのインスタンス化を行います。

⑦ WebAssemblyのインスタンスからJavaScriptへ関数add100への参照をエクスポートします。

⑧ [+100を計算] ボタンのクリックのイベント処理を登録します。

⑨ テキストボックスに入力された数値を変数x経由で、WebAssemblyの関数add100()へ値を渡し、結果を受け取ります。関数への参照をエクスポートしたのでadd100()の実際の計算はWebAssemblyで行われます。

WebAssemblyのインスタンス化API

WebAssembly実行ファイルをインスタンス化するAPIは、WebAssemblyブラウザーAPIで何種類か用意されています（図2-9）。

図2-9　WebAssemblyモジュールのインスタンス化で利用するAPI

URL https://developer.mozilla.org/ja/docs/WebAssembly/Loading_and_running

その中でも、このサンプルアプリで利用したWebAssembly.instantiateStreaming()は、ストリーム処理（WebAssembly実行ファイルのダウンロードとインスタンス化を並行して行う）をするので、より短時間でインスタンス化が可能です（図2-10）。

図2-10　WebAssembly.instantiateStreaming()

URL https://developer.mozilla.org/ja/docs/WebAssembly/JavaScript_interface/instantiateStreaming

HTMLファイル（index.html）

これまでのWeb開発と違いはありません。手作業で作成しています。入力欄とボタン、結果の表示エリアについて定義を行います（リスト2-4）。

リスト2-4 index.html

```
<!DOCTYPE html>
<html>

<head>
  <meta charset="utf-8">
  <meta name="viewport"
  content="width=device-width,initial-scale=1,maximum-scale=1.0">
  <link href="style.css" rel="stylesheet">
  <title>app01</title>
</head>

<body>
  <h1>app01</h1>
  <div>
    <p>入力：
      <input id="inputNum" type="text"
      value="0" maxlength="6">  ①
      <button id="submit">+100 を計算</button>
    </p>
    <p>結果：<span id="result"></span></p>
  </div>
  <script src="index.js"></script>  ②
</body>

</html>
```

① テキスト入力ボックスに適正な値が入力されるように、以下の制限を行います。
・ maxlength="6"　　最大入力桁数は6桁
② 外部JavaScriptとしてグルーコードを含むindex.jsを読み込みます。

CSSファイル（style.css）

これまでのWeb開発と違いはありません。手作業で作成しています。文字サイズ、入力欄のサイズなどを整えています（リスト2-5）。このファイルはindex.htmlから読み込まれます。

リスト2-5 style.css

```
h1 {
    font-size: 2rem;
}
button,
p,
input {
    font-size: 1.5rem;
```

```
}
input {
    width: 9rem;
}
```

2.4 サンプルアプリの動作確認

外部からの操作に対する応答の動作確認だけでなく、Chromeデベロッパーツールを使った内部変数の追跡も行い、理解を深めます。

2.4.1 Webサーバーの起動

1) 新規でコマンドプロンプトを開き、カレントディレクトリをapp01フォルダーへ移動します。
2) コマンドプロンプトから以下のコマンドを実行します。

```
npm start
```

3) しばらくするとローカルWebサーバー（http-server）が起動します。
4) 続いて、Webブラウザーが自動で開きます。
   ※本書ではChromeブラウザーを使って解説を行います。そのため、ここでChromeブラウザー以外が起動する場合は、既定のブラウザーをChromeブラウザーに設定してください。

http-serverのインストール
app01フォルダー内には、事前に以下のセットアップを行っています。

・http-serverのローカルインストール
```
npm install http-server
```
・package.jsonのscriptsプロパティにスクリプトを追加
```
"start": "http-server -c-1 -o"
```
※オプションの説明
    -c-1：キャッシュ無効
    o：http-server起動時にブラウザーを開く

なお、http-serverについての詳細は、公式サイトを参照してください（図2-11）。

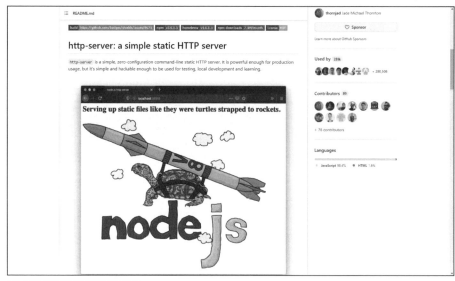

図2-11 http-server公式サイト

URL https://github.com/http-party/http-server#readme

注意 WebサーバーにwasmのMIMEタイプ登録が必要

　WebAssembly実行ファイルは、ファイル拡張子「wasm」を利用します。したがって、Webサーバーが、この拡張子に対応していない場合は、以下のMIMEタイプの登録が必要です。

ファイル拡張子	MIMEタイプ
wasm	application/wasm

　このMIMEタイプが登録されていないWebサーバーからWebAssembly実行ファイルをダウンロードしてインスタンス化すると、以下のエラーメッセージがブラウザーのコンソールに出力され、失敗しますので注意が必要です。

```
Uncaught (in promise) TypeError: Failed to execute 'compile' on
'WebAssembly': Incorrect response MIME type. Expected 'application/
wasm'.
```

　なお、本章のサンプルアプリで利用するローカルWebサーバー（http-server）は、app01¥node_modulesフォルダ内にすでにインストール済みで、wasmのMIMEタイプに対応しています。

2.4.2 基本動作の確認

いくつか異なる値を入力欄に入力し、サンプルアプリの動作を確認してください。

1) 入力欄に値を入力します。
2) ［+100を計算］ボタンをクリックします。
3) 正しい値が結果欄に表示されることを確認します。

2.4.3 起動時の処理を確認

サンプルアプリ起動時には、グルーコード（index.js）で以下の2つが行われます。

・ WebAssembly実行ファイルのインスタンス化
・ WebAssembly から JavaScriptへ関数のエクスポート

Chrome デベロッパーツールを使い、これらの処理の内容を確認します。

・ Chromeブラウザー以外が起動しているときは、Chromeブラウザーを起動してください。
・ Chrome デベロッパーツールは、app01の画面が表示された状態でF12キー押下で起動します。続いて、リロードボタンを押下します。

1) デベロッパーツールのメニューから、［Sources］を選択します（図2-12）。

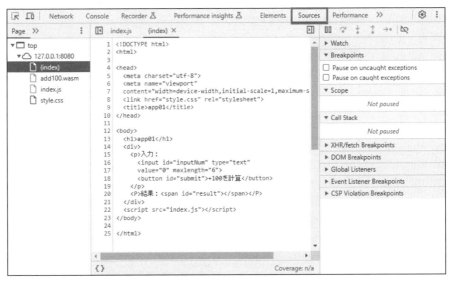

図2-12　デベロッパーツールの［Sources］メニュー

2）動作確認のためのブレイクポイントを設定します。

　左ペインでindex.jsを選択します。index.jsの10行目の行番号をクリックしてブレイクポイントを設定します（図2-13）。この行では、ブラウザーAPIであるWebAssembly.instantiateStreaming()を使い、WebAssemblyのインスタンス化を行っています。

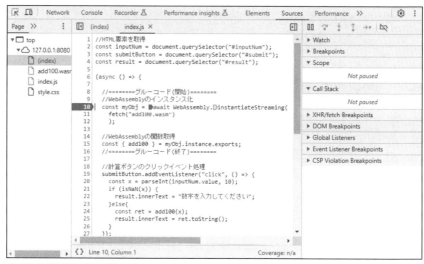

図2-13　ブレイクポイントの設定

3）ブラウザーの再読み込み（F5キー押下）を行います。

4）ブレイクポイントを指定した箇所で実行が一時停止します。

　停止行の背景が水色に変わります（図2-14）。この時点で、変数add100と変数myObjは共にundefinedです。

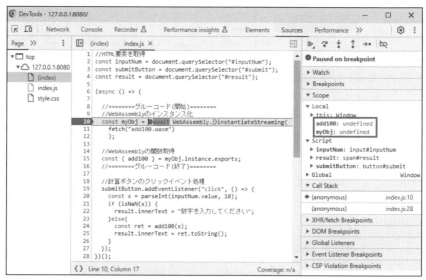

図2-14　ブレイクポイントで一時停止

5) ステップオーバー（F10キー押下）して次の行に処理を進めます。

6) 変数myObjにWebAssemblyのインスタンスが代入されます（図2-15）。

    この時点で、変数add100はundefinedです。

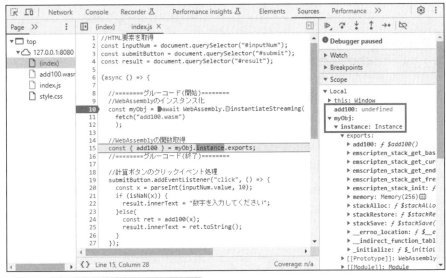

図2-15　変数myObjにインスタンスが代入される

7) ステップオーバー（F10キー押下）して次の行に処理を進めます。

8) myObj（WebAssemblyのインスタンス）のadd100関数への参照が、JavaScriptの変数add100に、エクスポートされます（図2-16）。

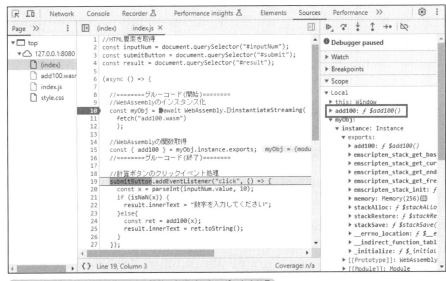

図2-16　変数add100にadd100関数の参照がエクスポートされる

9) WebAssembly実行ファイルのインスタンス化と、WebAssembly関数のJavaScript
へのエクスポートが確認できました。

レジューム（F8キー押下）して、ステップ実行を終了します。設定したブレイクポイント
は、ブレイクポイントを設定した行番号をクリックして解除します。

2.4.4 ボタンクリックの処理を確認

　　［＋100を計算］ボタンをクリックすると、WebAssemblyモジュールからJavaScriptへエク
スポートしたadd100()関数を使い計算が行われます。Chrome デベロッパーツールを使
い、処理の内容を確認します。

1）動作確認のためにJavaScriptのコードにブレイクポイントを設定します。
　　左ペインでindex.jsを選択します。index.jsのソースコードの24行目の行番号をク
リックしてブレイクポイントを設定します（図2-17）。ここは、ボタンのクリック後、
WebAssemblyからJavaScriptへエクスポートした関数add100()を呼び出す行です。

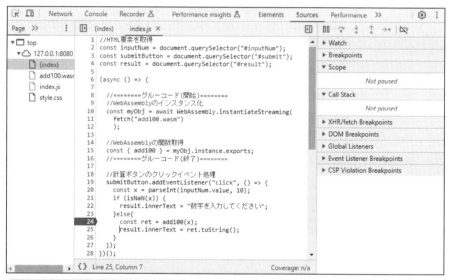

図2-17　24行目にブレイクポイントを設定

2）ブラウザーの再読み込み（F5キー押下）を行います。
　　サンプルアプリの入力欄に10を入力し、［＋100を計算］ボタンをクリックします。
3）ブレイクポイントを指定した箇所で実行が一時停止します。
　　停止行の背景が水色に変わります。この時点で、変数xの値は10です（図2-18）。入力
欄の値を反映しています。変数add100は、エクスポートしたadd100()関数への参照を
保持しています（Closureの項目をクリックして展開すると確認できます）。

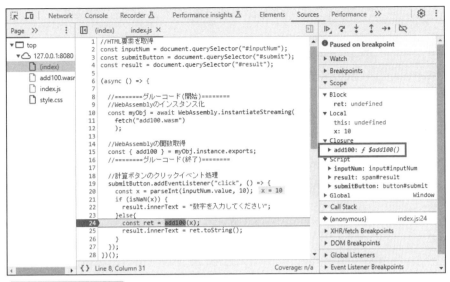

図2-18　変数xはundefined

4）ステップオーバー（F10キー押下）して次の行に処理を進めます。

5）この時点で、変数retに関数add100の戻り値110が代入されています（図2-19）。

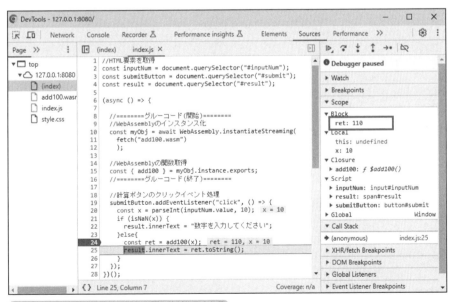

図2-19　変数retに関数add100の戻り値が代入される

6）ここまでで、WebAssemblyモジュールからJavaScriptへエクスポートしたadd100()関数の使い方と動作が確認できました。

レジューム（F8キー押下）して、ステップ実行を終了します。設定したブレイクポイント

は、ブレイクポイントを設定した行番号をクリックして解除します。

第3章

Emscriptenの使い方

第3章ではEmscriptenの使い方を解説します。Emscriptenは、単にC/C++からWebAssemblyへのコード変換だけでなく、WebAssemblyとJavaScriptを連携させるグルーコードを自動生成したり、WebAssemblyのデバッグをしたりする強力なツールです。本章は、Emscriptenの機能の概要を解説した後、サンプルアプリを使ってその機能を確認します。

3.1 ● Emscriptenの機能概要

3.1.1 3種類の出力モード

Emscriptenでは、emccコマンドで出力先を指定する「-oオプション」に指定するファイルの拡張子により、出力するファイルが異なります。以下の3種類の出力モードを選択できます（表3-1）。

表3-1　3種類の出力モード

	emcc出力先拡張子	WASM実行ファイル	グルーコード（JavaScript）	HTMLファイル
#1	wasm	出力	―	―
#2	js	出力	出力	―
#3	html	出力	出力	出力

1）出力先ファイルの拡張子がwasmの場合

WebAssembly実行ファイルのみを出力します（図3-1）。別途、JavaScript（グルーコードとアプリコード）とページを表示するHTMLの作成が必要です。ちなみに、第2章のサンプルアプリは、この方法で変換したので、JavaScript（グルーコードとアプリコード）とHTMLは手作業で作成しました。

この出力モードは、グルーコードの作成に別途工数が掛かるので、通常は選択しません。既存のグルーコードを利用したい場合や、Emscriptenが自動生成するグルーコードが利用目的に合致していない場合などに選択します。

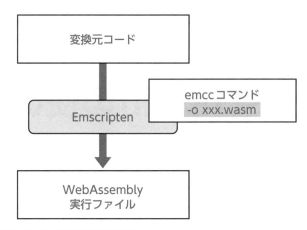

図3-1　出力先ファイルの拡張子がwasmの場合の処理

2）出力先ファイルの拡張子が js の場合

　WebAssembly実行ファイル＋JavaScriptファイル（グルーコード）を出力します（図3-2）。別途、JavaScript（アプリコード）とページを表示するHTMLの作成が必要です。

　この出力モードは、グルーコード作成の手間が軽減できます。また、グルーコードの機能によって、WebAssembly実行時の内部の動きをprintf関数（JavaScriptのconsole.logに該当）でブラウザーのデバッグコンソールへ出力できます。

　機能と使い勝手の両面から優れていますので、このモードを選択するのが一般的です。

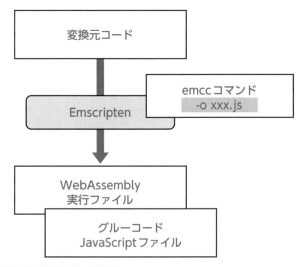

図3-2　出力先ファイルの拡張子がjsの場合の処理

3）出力先ファイル拡張子がhtmlの場合

WebAssembly実行ファイル＋JavaScriptファイル（グルーコード）+HTMLを出力します（図3-3）。printf関数（JavaScriptのconsole.logに該当）の出力はブラウザーのデバッグコンソールとHTMLページの両方に表示されます（図3-4）。

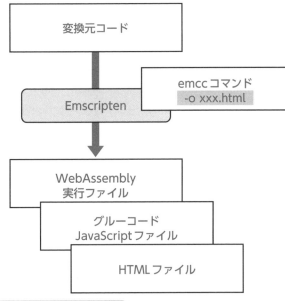

図3-3　出力先ファイルの拡張子がhtmlの場合の処理

図3-4　Emscriptenが自動生成したHTMLページ

この出力モードは、Webアプリに必要なファイルをすべて自動生成してくれるので、最小の工数で実行できます。しかし、ページの外観やアプリコードのカスタマイズは困難です。したがって、カスタマイズなしで、WebAssemblyのインスタンス化完了時に自動で呼び出される変換元コードのmain()関数からプログラムを実行し、printfで簡単な動作確認を行う用途などに適しています。

3.1.2 グルーコードの利用

Emscriptenが自動生成したグルーコードは、JavaScriptのModuleという名前のオブジェクトに、さまざまなプロパティやメソッドを追加します。アプリコードは、Moduleオブジェクトを使ってグルーコードを呼び出し、WebAssemblyのインスタンスと連携します（図3-5）。

図3-5　Moduleオブジェクトを使った連携

たとえば、C言語のコードでint getFactorial (int x)という関数をWebAssemblyからJavaScriptへエクスポートするには、リスト3-1のような記述を行います。

リスト3-1　Emscriptenが自動生成するグルーコードを使わず自作する場合
```
//WebAssemblyのインスタンス化
const myObj = await WebAssembly.instantiateStreaming(
    fetch("getFactorial.wasm")
);

// WebAssemblyから関数をエクスポート
const { getFactorial } = myObj.instance.exports;
```

リスト3-2　Emscriptenが自動生成するグルーコードを使う場合
```
// WebAssemblyから関数をエクスポート
const getFactorial = Module.cwrap(
    "getFactorial", //関数名
    "number",       //戻り値の型
    ["number"]      //引数の型
 );
```

グルーコードを使った場合、WebAssemblyのインスタンス化はグルーコード内部で行われるので、その記述が不要になります（リスト3-2）。関数のエクスポートは、Module オブジェクトのメソッドcwrap()を使ってできます。

Moduleオブジェクトの詳細は公式サイトを参照してください（図3-6）。

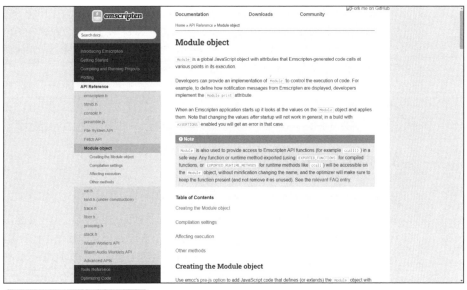

図3-6 Moduleオブジェクトの詳細

URL https://emscripten.org/docs/api_reference/module.html

3.1.3 emccコマンドオプション

　emccコマンドにオプションを指定すると、変換出力の内容や変換の動作を指定できます。emccコマンドでよく利用する、オプションの例は以下になります。

1）WebAssemblyから関数をエクスポート

-s EXPORTED_RUNTIME_METHODS=cwrap
　Emscriptenに組み込まれたランタイム関数をエクスポートし、JavaScriptから利用可能にします。この例では、cwrap()関数をJavaScript側で利用可能にします。JavaScriptのアプリコードから、Module.cwrap()の記述で利用できます。

-s EXPORTED_FUNCTIONS=_malloc,_free
　変換元C/C++のコードで定義された関数（自作関数、標準ライブラリ関数など）をWebAssemblyからエクスポートし、JavaScriptから利用可能にします。この例では、malloc()関数とfree()関数をJavaScript側で利用可能にします。JavaScriptのアプリコードから、Module._malloc()、Module._free()の記述で利用できます。このオプション指定では、C/C++で定義した関数名の先頭に_（アンダーバー）を追加する必要があります。

2）動作の指定

-s NO_EXIT_RUNTIME=1

WebAssemblyでは既定の動作として、インスタンス化の完了時に、変換元コードのmain()関数が自動で呼び出されます。このmain()関数の終了時に、WebAssemblyのインスタンスも一緒に終了するか、しないかを選択できます。1を設定すると、main()関数が終了してもWebAssemblyのインスタンスは動作を継続します。

--no-entry
main関数を使用しない場合に指定します。

3) 不要なコードを削減

-s ENVIRONMENT=web
自動生成するグルーコードの動作環境を指定します。Webブラウザーで動作させる場合は「web」、Node.jsで動作させる場合は「node」、シェル環境で動作させる場合は「shell」、WebWorkerで動作させる場合は「worker」を指定します。このオプションを指定しなかった場合、「web・node・shell・worker」すべての環境で動作できるグルーコードが生成されます。グルーコードの動作に支障はありませんが、コードが肥大化してしまいます。Webブラウザーでの実行のみに対応すればよい場合は、「web」と指定することで不要なグルーコードの生成を回避できます。

-s NO_FILESYSTEM=1
ファイルの読み書きを行わない場合は、不要なコードを削減できます。

4) 最適化

-O3
C/C++からWebAssemblyの実行ファイルへ変換する際の最適化（コードサイズの縮小と実行速度の改善）のレベルを指定します。同時に、自動生成するグルーコードについても最適化が行われます。
値として、-O0、-O1、-O2、-O3、-Os、-Oz、-Ogが設定可能です。なお、-Oはアルファベット大文字のOです。指定しない場合は、-O0を指定した場合と同じ動作になります。O0〜O3は、数値が大きいほど最適化のレベルが上がる一方、emccコマンドの処理時間が増加するので、開発時は指定せず、リリース時に-O3を指定するのが一般的です。
-Osは-O3と比べサイズを縮小、-Ozは-Osよりさらにサイズを縮小しますが、いずれも実行速度の低下や変換時間の増大の恐れがあります。-Ogはデバッグに適した変換を行います。

--closure 1
Google Closure Compilerでグルーコードを圧縮します。処理時間がかかるので、開発時は指定せず、リリース時に指定するのが一般的です。

5）その他

上記以外のemccコマンドについては、図3-7のページを参照してください。

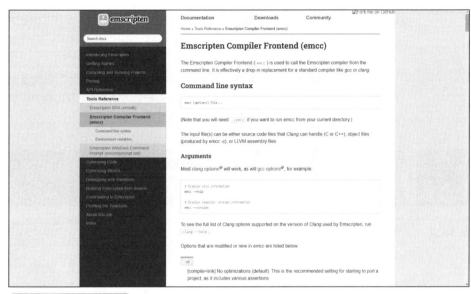

図3-7　emccコマンドの詳細

URL https://emscripten.org/docs/tools_reference/emcc.html

なお、オプションのうち、-sで始まるものはEmscriptenのsettings.jsファイルに定義された定数値の書き換えになります。詳細は、図3-8のページを参照してください。

図3-8　Emscriptenのsettings.jsの内容

URL https://github.com/emscripten-core/emscripten/blob/main/src/settings.js

3.1.4 WebAssemblyのデバッグ

Chrome拡張機能「C/C++ DevTools Support (DWARF)」をインストールすれば、変換元のC/C++のソースコードに対して、ブレイクポイントの指定とステップ実行、変数の値の追跡が可能です。

ここまでが、Emscriptenの機能概要についての説明です。このように多種多様なEmscriptenの機能を、説明だけ理解するのは難しいと思います。次の節ではサンプルアプリを使ってEmscriptenの機能確認を行い、理解を深めます。

3.2 サンプルアプリによる機能確認

3.2.1 サンプルアプリの概要

サンプルアプリは、1～5までの階乗を計算して表示します。「3.1.1　3種類の出力モード」で説明した出力モードに対応した作成方法で、sample01（図3-11）、sample02（図3-12）、sample03（図3-13）という3つのアプリを作り、作成方法ごとの違いや使い勝手を把握します。
sample01は、Webページのみに結果を出力します（図3-11）。

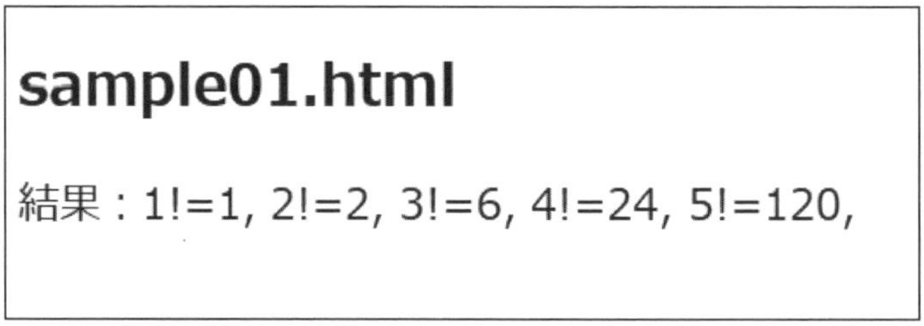

sample01.html

結果：1!=1, 2!=2, 3!=6, 4!=24, 5!=120,

図3-11　sample01の表示

sample02は、WebページとChromeデベロッパーツールのコンソールに結果を出力します（図3-12）。

図3-12　sample02の表示

sample03は、Emscriptenが自動生成したWebページとChromeデベロッパーツールのコンソールに結果を出力します（図3-13）。

図3-13　sample03の表示

3.2.2 サンプルアプリ（app02）のダウンロード

本書の初めの「本書を読む前に」に記載のサポートサイトから、app02の完成版をダウンロードできます。

・app02_YYYYMMDD.7z」（YYYYMMDDは更新日）

ダウンロードしたファイルを7zip ツールで展開し、フォルダー名を「app02_YYYYMMDD」から「app02」に変更します。展開されるファイルは図3-14のとおりです。

■7zipツール
URL https://7-zip.opensource.jp

```
Ø1.bat       //emccコマンド（sampleØ1生成用）
Ø2.bat       //emccコマンド（sampleØ2生成用）
Ø3.bat       //emccコマンド（sampleØ3生成用）
Ø4.bat       //emccコマンド（−O3のコード最適化評価用）
Ø5.bat       //emccコマンド（ClosureCompilerの評価用）
Ø6.bat       //emccコマンド（WebAssemblyデバッグの評価用）
sampleØ1.c       //sampleØ1 変換元コード
sampleØ1.html    //sampleØ1 HTMLファイル
sampleØ1.js      //sampleØ1 JavaScriptファイル
sampleØ1.wasm    //sampleØ1 WebAssembly実行ファイル（自動生成）
```

次ページに続く

```
sample02.c        //sample02 変換元コード
sample02.html     //sample02 HTMLファイル
sample02.js       //sample02 JavaScriptファイル（自動生成グルーコード）
sample02.wasm     //sample02 WebAssembly実行ファイル（自動生成）
sample03.c        //sample03 変換元コード
sample03.html     //sample03 HTMLファイル（自動生成）
sample03.js       //sample03 JavaScriptファイル（自動生成グルーコード）
sample03.wasm     //sample03 WebAssembly実行ファイル（自動生成）
style.css         //スタイルの定義（sample01~03共通）
```

図3-14　app02展開後のファイル一覧（npm関連ファイルは省略）

3.2.3　emcc実行環境の準備

Emscriptenをまだインストールしていない場合は、「2.1　開発環境のセットアップ（Emscripten）」を参考にインストールを行ってください。

1) コマンドプロンプトを開き、カレントディレクトリをemsdkのインストールディレクトリへ移動します。
2) コマンドプロンプトから以下のコマンドを実行します。

```
emcmdprompt.bat
```

3) emccコマンドが実行できるコマンドプロンプトが開きます。
4) 開いたコマンドプロンプトから以下のコマンドを実行して、emccコマンドが利用可能であるか確認します。emccのバージョンが表示されれば準備完了です。emcmdprompt.batで開いた、このコマンドプロンプトは、開いたままにしておきます。

```
emcc --check
```

3.2.4　Webサーバーの起動

1) 新規にコマンドプロンプトを開き、カレントディレクトリをapp02フォルダーへ移動します。
2) コマンドプロンプトから、以下のコマンドを実行します。

```
npm start
```

3) しばらくするとローカルWebサーバー（http-server）が起動します。
4) 続いて、Webブラウザーが自動で開き、app02ディレクトリのファイル一覧が表示されます（図3-15）。npm startを実行中のコマンドプロンプトと、app02ディレクトリのファイル一覧のページは、開いたままにしておきます。

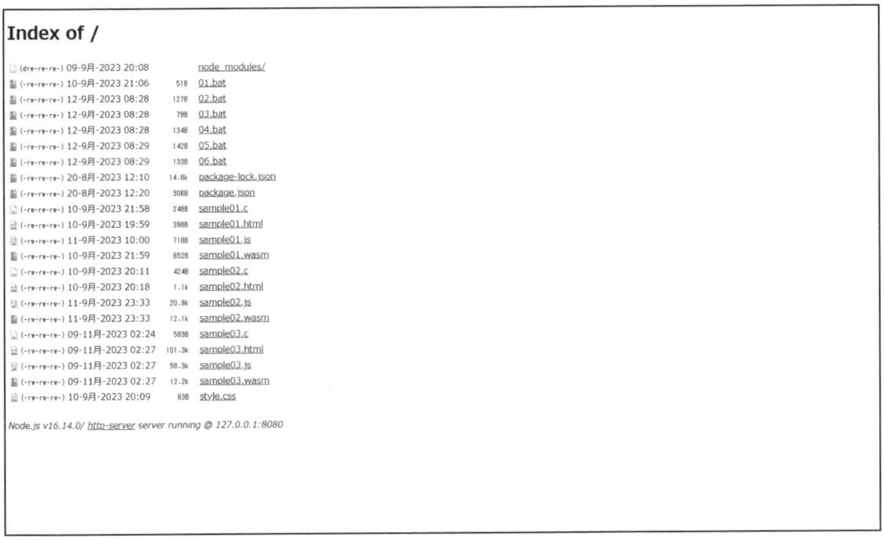

図3-15 Webブラウザーの初期表示

3.2.5　wasmのみ自動生成（sample01）

　sample01は、emcc コマンドのオプションで出力先ファイルの拡張子にwasm を指定して、WebAssembly 実行ファイルのみ自動生成します。Webアプリとして必要なJavaScript（アプリコード、グルーコード）とHTMLは、手作業で作成しています。

　アプリの処理内容は、1〜5までの階乗を計算して表示します。

1）変換元コード解説（sample01.c）

リスト3-4　sample01.c

```c
#include <emscripten/emscripten.h>  ①

EMSCRIPTEN_KEEPALIVE  ②
int getFactorial(int n)  ③
{
    // 一時変数
    int tmp = 1;
    // 階乗を計算
    for (int i = 1; i <= n; i++)
    {
        tmp = tmp * i;
    };
    return tmp;  ④
}
```

　① Emscriptenの機能拡張ヘッダーです。アノテーションEMSCRIPTEN_KEEPALIVE
　　を利用可能にします。

3.2 サンプルアプリによる機能確認　**57**

② Emscriptenは、C/C++ソースコードのmain()関数から呼び出されている関数のみ変換し、それ以外の関数は無視します。それを回避して、main()関数から呼び出されていないが使用したい関数には、アノテーションとしてEMSCRIPTEN_KEEPALIVEを記述します。EMSCRIPTEN_KEEPALIVE の詳細は図3-16のページを参照してください。

図3-16 EMSCRIPTEN_KEEPALIVEの解説

URL https://emscripten.org/docs/api_reference/emscripten.h.html#c.EMSCRIPTEN_KEEPALIVE

③ 戻り値の型がint、引数の数が1、引数の型がint の関数、getFactorial()を定義しています。

④ 引数の階乗を計算した結果を返します。

2) emccコマンド解説（01.bat）

リスト3-5 01.bat

```
emcc sample01.c ^    ①
-o sample01.wasm ^   ②
--no-entry   ③
```

① 変換元のコードとして、sample01.cを指定します。

② 出力先のファイルとして、sample01.wasmを指定します。ファイル拡張子がwasmなので、WebAssembly実行ファイルのみ出力します。

③ 変換元のコードに、main()関数が存在しない場合は、--no-entryを指定してエラーの発生を回避します。

3) JavaScript（アプリコード、グルーコード）解説（sample01.js）

リスト3-6　sample01.js

```javascript
(async () => {
  //========グルーコード(開始)========
  //WebAssemblyのインスタンス化
  const myObj = await WebAssembly.instantiateStreaming(  ①
    fetch("sample01.wasm")  ②
  );

  //WebAssemblyの関数取得
  const { getFactorial } = myObj.instance.exports;  ③
  //========グルーコード(終了)========

  //========アプリコード(開始)========
  //HTML要素を取得
  const output = document.querySelector("#output");

  // 1～5までの～階乗を出力
  let str = "";
  for (i = 1; i <= 5; i++) {
    const ret = getFactorial(i);  ④
    str += i + "!=" + ret + ", ";
  }
  output.innerText = str.toString();
  //========アプリコード(終了)========
})();
```

グルーコードとアプリコードを、1つのJavaScriptファイル内に手作業で記述しています。

① WebAssemblyのインスタンス化を行います。なお、インスタンス化は非同期で行われるので、async/awaitで処理しています。こうすることで、インスタンス化の完了を待って、関数のエクスポートやエクスポートした関数の実行が行われます。

② WebAssembly実行ファイルをサーバーからダウンロードします。

③ WebAssemblyのインスタンスから、getFactorial()関数をJavaScript側へエクスポートします。

④ WebAssemblyからエクスポートした関数をJavaScriptから呼び出して、計算結果を取得します。

4) HTMLコード解説（sample01.html）

リスト3-7　sample01.html

```html
<!DOCTYPE html>
<html>
<head>
  <meta charset="utf-8">
  <meta name="viewport"
```

```
  content="width=device-width,initial-scale=1,maximum-scale=1.0">
  <link href="style.css" rel="stylesheet">
  <title>sample01.html</title>
</head>
<body>
  <h1>sample01.html</h1>
  <div>
    <P>結果：<span id="output"></span></P>
  </div>
  <script src="sample01.js"></script>  ①
</body>
</html>
```

> 一般的なHTMLファイルです。
>
> ① JavaScript（グルーコードとアプリコード）を読み込みます。

5）sample01の実行

次の手順を実行します。

- 「3.2.3　emcc実行環境の準備」が終わっていなければ準備を行います。
- emcmdprompt.batで開いておいたコマンドプロンプトで、カレントディレクトリをapp02に移動します。
- 同じコマンドプロンプトから、以下のコマンドを実行します。

```
01.bat
```

- 「3.2.4　Webサーバーの起動」で開いておいたWebブラウザーで、sample01.htmlのリンクをクリックします（図3-17）。

Index of /

(drw-rw-rw-) 09-9月-2023 20:08		node_modules/
(-rw-rw-rw-) 10-9月-2023 21:06	51B	01.bat
(-rw-rw-rw-) 12-9月-2023 08:28	127B	02.bat
(-rw-rw-rw-) 12-9月-2023 08:28	79B	03.bat
(-rw-rw-rw-) 12-9月-2023 08:28	134B	04.bat
(-rw-rw-rw-) 12-9月-2023 08:29	142B	05.bat
(-rw-rw-rw-) 12-9月-2023 08:29	133B	06.bat
(-rw-rw-rw-) 20-8月-2023 12:10	14.8k	package-lock.json
(-rw-rw-rw-) 20-8月-2023 12:20	306B	package.json
(-rw-rw-rw-) 10-9月-2023 21:58	248B	sample01.c
(-rw-rw-rw-) 10-9月-2023 19:59	398B	sample01.html
(-rw-rw-rw-) 11-9月-2023 10:00	718B	sample01.js
(-rw-rw-rw-) 10-9月-2023 21:59	652B	sample01.wasm
(-rw-rw-rw-) 10-9月-2023 20:11	424B	sample02.c
(-rw-rw-rw-) 10-9月-2023 20:18	1.1k	sample02.html
(-rw-rw-rw-) 11-9月-2023 23:33	20.9k	sample02.js
(-rw-rw-rw-) 11-9月-2023 23:33	12.1k	sample02.wasm

図3-17　sample01.htmlをクリック

・sample01が起動します（図3-18）。

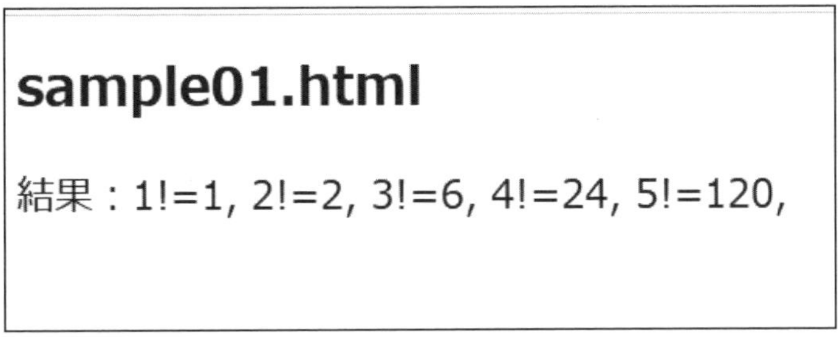

sample01.html

結果：1!=1, 2!=2, 3!=6, 4!=24, 5!=120,

図3-18　sample01画面

6）sample01まとめ

　Emscriptenが、sample01で自動生成するのはWebAssembly実行ファイルのみなので、JavaScript（グルーコードとアプリコード）とHTMLは、別途作成します。このEmscriptenの出力モードは、既存のグルーコードを利用するため自動生成が不要な場合や、自動生成では対応していない高度な例外処理をする場合に適しています。高度な例外処理とは、インスタンス化を指定したWebAssembly実行ファイルが見つからない場合、代替のファイルを利用するなどの処理です。

3.2.6 wasm+グルーコードを自動生成（sample02）

　sample02は、emccコマンドのオプションで、出力先ファイル拡張子にjsを指定して、WebAssembly実行ファイルとグルーコードを自動生成します。WebAssemblyの実行ファイルの名前は、出力先に指定したJavaScriptファイルの拡張子をwasmに置き換えたものになります。sample02では、sample02.jsを出力先に指定しますので、sample02.wasmとsample02.jsが出力されます。

　Webアプリとして必要なJavaScript（アプリコード）とHTMLは、別途手作業で作成しています。

1）変換元コード解説（sample02.c）

リスト3-8　sample02.c

```c
#include <stdio.h>  ①
#include <emscripten/emscripten.h>  ②

EMSCRIPTEN_KEEPALIVE  ③
int getFactorial(int n)  ④
{
    // 一時変数
    int tmp = 1;
    // 引数の値をコンソールへ出力
    printf("input=%d\n",n);  ⑤
    // 階乗を計算
```

```
    for (int i = 1; i <= n; i++)
    {
        tmp = tmp * i;
    };
    // 結果をコンソールへ出力
    printf("result=%d¥n", tmp);  ⑥
    return tmp;  ⑦
}
```

① C言語の標準入出力ライブラリのヘッダーです。printfを利用可能にします。printf
　はJavaScriptのconsole.logと同じように、ブラウザーのデバッグコンソールへ
　文字を出力します。

② Emscriptenの機能拡張ヘッダーです。アノテーションEMSCRIPTEN_KEEPALIVE
　を利用可能にします。

③ Emscriptenは、C/C++ソースコードのmain()関数から呼び出されている関数の
　み変換し、それ以外の関数は無視します。それを回避して、main()関数から呼び
　出されていないが使用したい関数には、アノテーションとしてEMSCRIPTEN_
　KEEPALIVE を記述します。

④ 戻り値の型がint、引数の数が1、引数の型がint の関数、getFactorial()を定義し
　ています。

⑤⑥ グルーコードを自動生成した場合は、C言語のprintf()関数で、ブラウザーのデ
　バッグコンソールに文字を出力できます。WebAssemblyの実行ログを、簡単に
　取得できる便利な機能です。

⑦ 引数の階乗を計算した結果を返します。

2) emccコマンド解説（02.bat）

リスト3-9　02.bat

```
emcc sample02.c ^  ①
-o sample02.js ^  ②
-s EXPORTED_RUNTIME_METHODS=cwrap ^  ③
-s ENVIRONMENT=web ^  ④
-s NO_FILESYSTEM=1 ^  ⑤
--no-entry  ⑥
```

① 変換元のコードとして、sample02.cを指定します。

② 出力先のファイルとして、sample02.jsを指定します。ファイル拡張子がjsなの
　で、wasm+グルーコードを出力します。

③ Emscriptenのランタイム関数であるcwrapをJavaScript側で利用可能にしま
　す。cwrap関数を利用して、WebAssembly の関数をJavaScript側へエクス
　ポートできます。

④ 動作環境としてwebに指定し、Web環境に必要なグルーコードのみ生成します。
　それ以外のNode.js・Shell・WebWorker用の不要なグルーコードは生成しない
　ようにします。

⑤ sample02では、ファイル処理を行わないので、グルーコードで不要なコードが生

成しないように、ファイルシステム不要を指定します。

⑥ 変換元のコードに、main()関数が存在しない場合は、--no-entryを記述してエラーの発生を回避します。

3）JavaScript（グルーコード）コード解説（sample02.js）

リスト3-10　sample02.js

```
// include: shell.js
// The Module object: Our interface to the outside world. We import
// and export values on it. There are various ways Module can be used:
// 1. Not defined. We create it here
// 2. A function parameter, function(Module) { ..generated code.. }
// 3. pre-run appended it, var Module = {}; ..generated code..
// 4. External script tag defines var Module.
// We need to check if Module already exists (e.g. case 3 above).
// Substitution will be replaced with actual code on later stage of the
build,
// this way Closure Compiler will not mangle it (e.g. case 4. above).
// Note that if you want to run closure, and also to use Module
// after the generated code, you will need to define   var Module = {};
// before the code. Then that object will be used in the code, and you
// can continue to use Module afterwards as well.

var Module = typeof Module != 'undefined' ? Module : {};  ①
（以降省略）
```

自動生成されたグルーコードの内容を見ると、WebAssemblyのインスタンス化はもちろんのこと、さまざまな機能が実装されていることがわかります。また、多くのコメント行を含め1600行程度もあり、リリース時はコード圧縮を行った方が望ましいことわかります。

① グルーコードが外部とやり取りするためのModuleオブジェクトの定義です。グルーコードが呼び出される時点でModuleオブジェクトが存在している場合は、そのまま利用します。存在していない場合は、Module={}で定義します。これ以降のグルーコードで、Moduleオブジェクトにさまざまなプロパティやメソッドが追加されます。

4）HTMLコード解説（sample02.html）

リスト3-11　sample02.html

```
<!DOCTYPE html>
<html>
<head>
  <meta charset="utf-8">
  <meta name="viewport"
   content="width=device-width,initial-scale=1,maximum-scale=1.0">
```

```html
    <link href="style.css" rel="stylesheet">
    <title>sample02.html</title>
  </head>
<body>
  <h1>sample02.html</h1>
  <div>
    <P>結果：<span id="output"></span></P>
  </div>
  <script>
    var Module = { "onRuntimeInitialized": initApp };  ①

    function initApp() {  ②

      // HTML要素を取得
      const output = document.querySelector("#output");

      // WebAssemblyから関数をエクスポート
      const getFactorial = Module.cwrap(  ③
        "getFactorial", //関数名
        "number",        //戻り値の型
        ["number"]       //引数の型
      );

      // 1～5までの階乗を出力
      let str = "";
      for (i = 1; i <= 5; i++) {
        const ret = getFactorial(i);  ④
        str += i + "!=" + ret + ", ";
      }
      output.innerText = str.toString();
    }
  </script>
  <script src="sample02.js"></script>  ⑤
</body>
</html>
```

sample02ではWebAssembly実行ファイルのインスタンス化を、Emscriptenが自動生成したグルーコードに任せています。WebAssemblyのインスタンス化は非同期で行われるため、完了したタイミングで、自動生成したグルーコードからアプリコードを呼び出す必要があります。そのしくみは、 ModuleオブジェクトのonRuntimeInitializeプロパティで実装できます。

① Moduleオブジェクトにプロパティをセットしてグルーコードへ渡します。onRuntimeInitializedプロパティは、グルーコードがWebAssemblyのインスタンス化を完了したときに呼び出す関数を設定します。ここでは、initApp()関数を設定しています。

② initApp ()関数の定義です。①の設定により、この関数はWebAssemblyのインスタンス化が完了した時点で呼び出されます。

③ emccコマンドのオプション「-s EXPORTED_RUNTIME_METHODS=cwrap」でグルーコードに読み込んだcwrap()関数を使って、WebAssemblyの階乗を計算する関数getFactorial()を取得します。cwrap()関数の詳細は図3-19のページを参照してください。

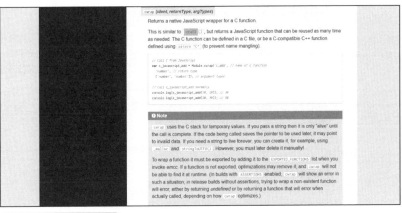

図3-19　cwrap()関数の詳細

URL https://emscripten.org/docs/api_reference/preamble.js.html?highlight=ccall#cwrap

cwrap()と似たような機能を持つ関数としてccall () があります。この関数は即座に計算結果を返します。ccall() 関数の詳細は図3-20のページを参照してください。

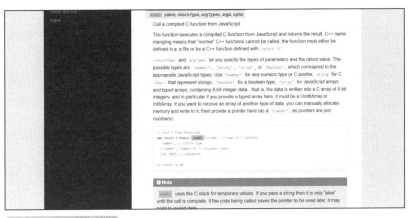

図3-20　ccall()関数の詳細

URL https://emscripten.org/docs/api_reference/preamble.js.html?highlight=ccall#ccall

④ WebAssemblyから取得したgetFactorial() 関数を使って階乗の計算をします。
⑤ グルーコードを読み込みます。

5) sample02の実行

次の手順を実行します。

・「3.2.3　emcc 実行環境の準備」が終わっていなければ準備を行います。
・emcmdprompt.batで開いておいたコマンドプロンプトで、カレントディレクトリをapp02に移動します。

・同じコマンドプロンプトから、以下のコマンドを実行します。

```
02.bat
```

・sample01 が表示しているページで、ブラウザーの戻るボタンを使ってapp02 ディレクトリのファイル一覧のページへ戻ります。
・app02 ディレクトリのファイル一覧のページでsample02.html のリンクをクリックします

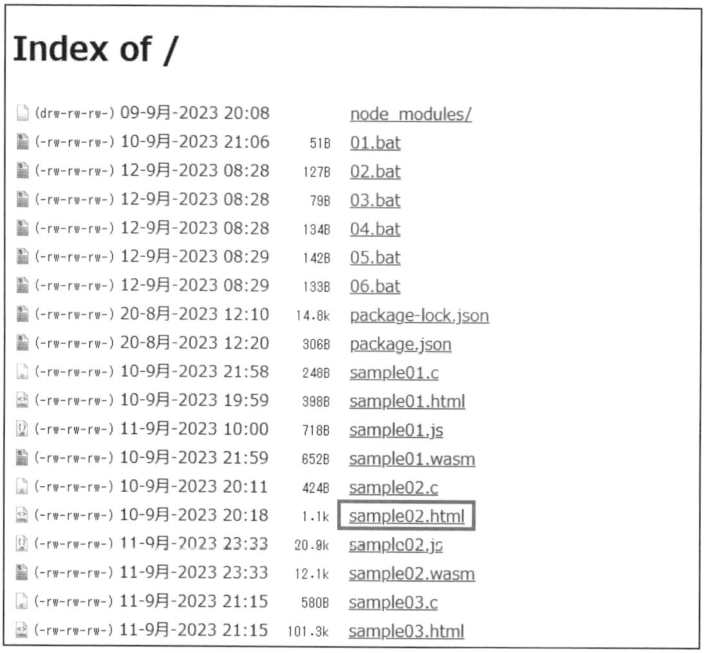

Index of /

🗋 (drw-rw-rw-)	09-9月-2023 20:08		node_modules/
📄 (-rw-rw-rw-)	10-9月-2023 21:06	51B	01.bat
📄 (-rw-rw-rw-)	12-9月-2023 08:28	127B	02.bat
📄 (-rw-rw-rw-)	12-9月-2023 08:28	79B	03.bat
📄 (-rw-rw-rw-)	12-9月-2023 08:28	134B	04.bat
📄 (-rw-rw-rw-)	12-9月-2023 08:29	142B	05.bat
📄 (-rw-rw-rw-)	12-9月-2023 08:29	133B	06.bat
📄 (-rw-rw-rw-)	20-8月-2023 12:10	14.8k	package-lock.json
📄 (-rw-rw-rw-)	20-8月-2023 12:20	306B	package.json
🗋 (-rw-rw-rw-)	10-9月-2023 21:58	248B	sample01.c
🖼 (-rw-rw-rw-)	10-9月-2023 19:59	398B	sample01.html
📄 (-rw-rw-rw-)	11-9月-2023 10:00	718B	sample01.js
📄 (-rw-rw-rw-)	10-9月-2023 21:59	652B	sample01.wasm
🗋 (-rw-rw-rw-)	10-9月-2023 20:11	424B	sample02.c
🖼 (-rw-rw-rw-)	10-9月-2023 20:18	1.1k	sample02.html
📄 (-rw-rw-rw-)	11-9月-2023 23:33	20.8k	sample02.js
📄 (-rw-rw-rw-)	11-9月-2023 23:33	12.1k	sample02.wasm
🗋 (-rw-rw-rw-)	11-9月-2023 21:15	580B	sample03.c
🖼 (-rw-rw-rw-)	11-9月-2023 21:15	101.3k	sample03.html

図3-21　sample02.htmlをクリック

・sample02が起動します（図3-22）。

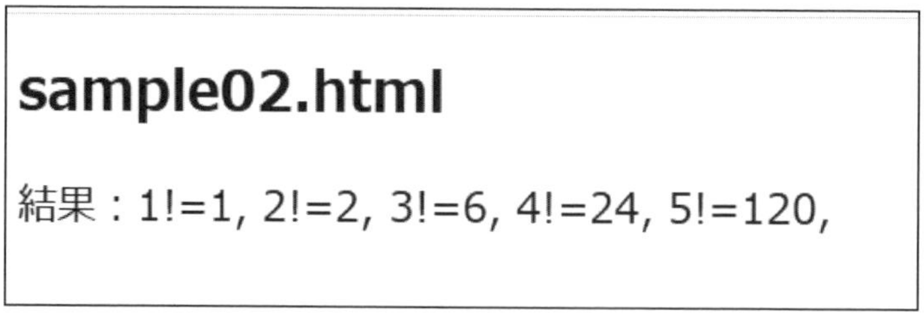

sample02.html

結果：1!=1, 2!=2, 3!=6, 4!=24, 5!=120,

図3-22　sample02画面

・デベロッパーツールのコンソール画面を開き、ブラウザーをリロードします。
・変換元コードで記述したprintf()関数の出力が表示されていることを確認します（図3-23）。

図3-23　コンソール画面にprintf()の出力が表示

6）sample02まとめ

　Emscriptenがsample02で自動生成するのは、WebAssembly実行ファイルとJavaScript（グルーコード）なので、JavaScript（アプリコード）とHTMLは手作業で作成しました。自動生成したグルーコードのおかげで、WebAssemblyのインスタンス化は自動で行われますし、printf()関数でWebAssemblyの実行ログをブラウザのデバッグコンソールに簡単に出力できます。

　さらに、変換元コードを変更してemccコマンドを再実行しても、アプリコードとHTMLは上書きされず、WebAssembly・グルーコード・アプリコード・HTMLのコード作成が分離して行えるので使い勝手も良好です。一般的には、このEmscriptenの出力モードで開発を行います。

3.2.7　wasm＋グルーコード＋HTMLを自動生成（sample03）

　sample03は、emccコマンドのオプションで、出力先ファイル拡張子にhtml（sample03.html）を指定します。これによってEmscriptenは、WebAssembly実行ファイル（sample03.wasm）とグルーコード（sample03.js）とHTML（sample03.html）を自動生成します。

　Sample01やSample02とは異なり、変換元コードがあれば、手作業で作成するファイルはありません。Webアプリに必要なファイルが全て自動生成されるので、アプリコードやHTMLをカスタマイズせずに、変換元コードの動作確認用として利用することが多いです。

1）変換元コード解説（sample03.c）

```c
#include <stdio.h>  ①
//#include <emscripten/emscripten.h>  ②

//EMSCRIPTEN_KEEPALIVE  ③
int getFactorial(int n)  ④
{

    // ループカウンター
    int i;

    // 一時変数
    int tmp = 1;

    // 階乗を計算
    for (i = 1; i <= n; i++)
    {
        tmp = tmp * i;
    };

    return tmp;
}

// メイン関数（WebAssemblyのインスタンス化時に呼ばれる）
int main(int argc, char **argv)  ⑤
{
    printf("sample03 start!!¥n");  ⑥
    for (int i = 1; i <= 5; i++)
    {
        printf("%d!=%d¥n", i, getFactorial(i));  ⑦
    }
    return 0;
}
```

sample01,sample02と異なり、sample03で利用した出力モードは、基本的に
WebAssembly実行ファイルの動作確認が目的なので、JavaScriptでアプリコード
を作成しません。WebAssembly実行ファイルのインスタンス完了時に自動で呼び
出されるmain()関数から処理を行います。なお、getFactorial()関数はmain()関数
がら呼び出されているので変換対象から除外されません。したがって、EMSCRIPTEN_
KEEPALIVEの記述と、それに関連するヘッダーファイルのインクルードも不要です。

① C言語の標準入出力ライブラリのヘッダーです。printfを利用可能にします。
printfはJavaScriptのconsole.logと同じように、コンソールへ文字を出力しま
す。

② EMSCRIPTEN_KEEPALIVEを利用可能にするヘッダーです。不要なのでコメント
文にしています。

③ EMSCRIPTEN_KEEPALIVEは不要なのでコメント文にしています。

④ 戻り値の型がint、引数の数が1、引数の型がint の関数、getFactorial()を定義し
ています。

⑤ main()関数は、WebAssemblyのインスタンス化時に自動的に呼び出されます。main()関数内でgetFactorial()関数を呼び、1〜5の階乗計算を行い、printf()関数でブラウザーのデバッグコンソールに出力しています。

⑥ main()関数が呼び出されたタイミングがわかるように、printf()関数で「sample03 start!!」をブラウザーのデバッグコンソールに出力します。自動生成したWebページにも表示されます。

⑦ printf()関数で、階乗を計算した結果をブラウザーのデバッグコンソールに出力します。自動生成したWebページにも表示されます。

2) emccコマンド解説（03.bat）

```
リスト3-13  03.bat
emcc sampleØ3.c ^  ①
-o sampleØ3.html ^  ②
-s ENVIRONMENT=web ^  ③
-s NO_FILESYSTEM=1  ④
⑤
```

① 変換元のコードとして、sample03.cを指定します。

② 出力先のファイルとして、sample03.htmlを指定します。ファイル拡張子がhtmlなので、wasm+グルーコード+HTMLを出力します。

③ グルーコードで不要なコードが生成しないように、動作環境を指定します。この指定がないと、Node.js・Shell・Web Worker環境でも利用できるグルーコードが生成されます。

④ sample03ではファイル処理を行わないので、グルーコードで不要なコードが生成しないように、ファイルシステム不要を指定します。

⑤ sample03では、インスタンス化時にmain()関数の自動呼び出しを行うので、「--no-entry」は記述しません。

3) JavaScript（グルーコード）コード解説（sample03.js）

```
リスト3-14  sample03.js
（sampleØ2と同一コード）

// shouldRunNow refers to calling main(), not run().
var shouldRunNow = true;  ①

if (Module['noInitialRun']) shouldRunNow = false;  ②

（以降sampleØ2と同一コード）
```

sample03で自動生成されたグルーコードとsample02のものを比較すると、

sample03では2行の追加があります。処理内容は、インスタンス化時にmain()関数を呼び出すかどうかのフラグ設定です。この違いは、sample02にはemccコマンドのオプションに「--no-entry」があるのに対して、sample03ではmain()関数が存在するため「--no-entry」をオプションに指定していないことが理由です。

① shouldRunNowの値をtrueにし、インスタンス化時にmain()関数を呼び出します。

② Moduleオブジェクトの'noInitialRun'プロパティがtrueのときは、shouldRunNowの値をfalseにし、インスタンス化時にmain()関数を呼び出しません。

4) HTMLコード解説（sample03.html）

リスト3-15　sample03.html

```
<!doctype html>
<html lang="en-us">
  <head>
    <meta charset="utf-8">
(省略)
    <div class="emscripten_border">
      <canvas class="emscripten" id="canvas"  ①
        oncontextmenu="event.preventDefault()" tabindex=-1></canvas>
    </div>
    <textarea id="output" rows="8"></textarea>  ②
(省略)
    <script async type="text/javascript" src="sample03.js"></script>  ③
  </body>
</html>
```

自動生成されるHTMLは、canvasとtextareaを1つずつ持つテスト用のページです（図3-24）。デザインの観点から、アプリ開発のテンプレートとしてカスタマイズして利用するのには適していません。sample03では、WebAssemblyの実行ログのコンソール出力先として図3-24のページを使います。

① canvas要素の記述です。グラフィックデータのデバッグ出力先として利用します。

② textarea要素の記述です。テキストデータのデバッグ出力先として利用します。

③ JavaScript（グルーコード）を読み込みます。

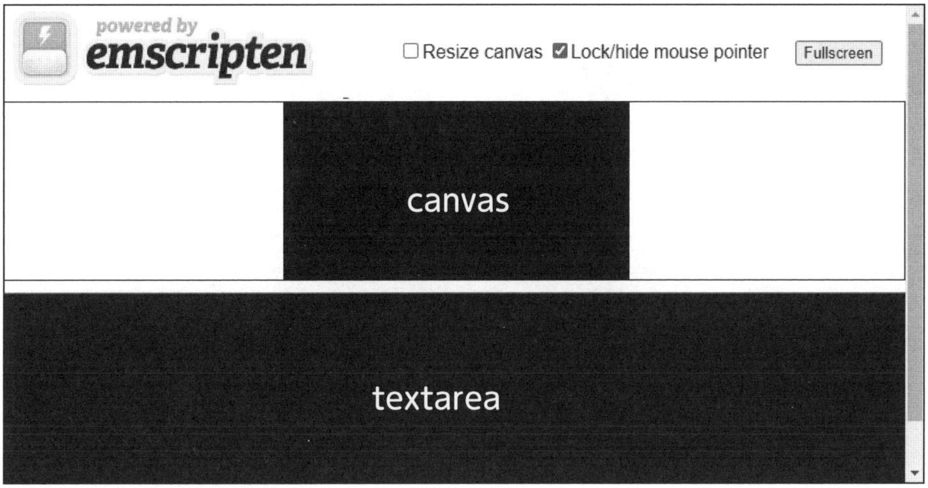

図3-24　自動生成されるHTMLページ

5）sample03の実行

次の手順を実行します。

- 「3.2.3　emcc実行環境の準備」が終わっていなければ準備をを行います。
- emcmdprompt.batで開いておいたコマンドプロンプトで、cdコマンドでカレントディレクトリをapp02に移動します。
- 同じコマンドプロンプトから、以下のコマンドを実行します。

```
03.bat
```

- sample02が表示しているページで、ブラウザーの戻るボタンを使ってapp02ディレクトリのファイル一覧のページへ戻ります。
- app02ディレクトリのファイル一覧のページでsample03.htmlのリンクをクリックします。（図3-25）。

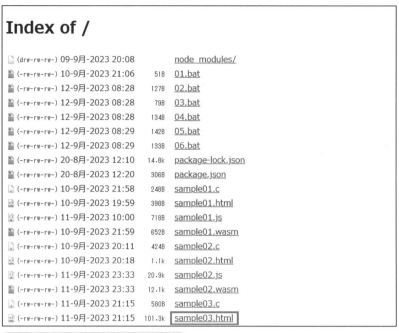

図3-25　sample03.htmlのリンクをクリック

- sample03が起動します。
- 変換元コードで記述したprintf()関数の出力が、画面下部の黒いボックスに表示されていることを確認します（図3-26）。

図3-26　sample03画面

- デベロッパーツールのコンソール画面を開き、ブラウザーをリロードします。コンソールの内容は、HTMLページの画面下部の黒いボックスに表示されたものと同一です（図3-27）。

図3-27　コンソール画面にprintf()の出力が表示

6) sample03まとめ

sample03では、EmscriptenがWebAssembly実行ファイル・JavaScript（グルーコード）・HTMLを自動生成するので、WebAssemblyを実行してログを確認する程度であれば、すぐに実行できます。したがって、sample03で利用したEmscriptenの出力モードは、WebAssemblyの実行テスト用途に適しています。

3.2.8　コードの最適化

Emscriptenには、WebAssembly実行ファイルを最適化する機能が含まれています。コードの最適化はファイルサイズを縮小したり、実行速度を向上したりします。最適化は、コードのリリース時に行うのが一般的です。emccコマンドの-Oオプションの指定で最適化ができます。

最適化あり/なしの場合の、WebAssembly実行ファイルのサイズを比較してみましょう。

1)「3.2.3　emcc実行環境の準備」が終わっていなければ準備を行います。
2) emcmdprompt.batで開いておいたコマンドプロンプトで、カレントディレクトリをapp02に移動し、sample02用のemccコマンドを実行します。02.batで実行されるemccコマンドには、-Oオプションの指定がないため、出力されるsample02.wasmは最適化されません。

```
02.bat
```

3) 出力されたWebAssembly実行ファイルのファイルサイズを確認します。

```
dir sample02.wasm
```

4) 02.batに-O3オプションを追加したemccコマンドを実行します。

```
04.bat
```

5) 出力されたWebAssembly実行ファイルのファイルサイズを確認します。

```
dir sample02.wasm
```

著者の環境では、WebAssembly実行ファイルのサイズを約半分に圧縮できました。ファイルサイズは、環境により変化することがあります。

条件	ファイルサイズ	圧縮率
最適化なし	12,361	―
最適化あり（-O3）	6,429	52%

3.2.9 Closure Compilerの利用

Emscriptenには、Closure Compilerを用いて自動生成したグルーコードを圧縮する機能があります。emccコマンドの--closure 1オプションの指定でClosure Compilerを利用できます。Closure Compilerの詳細は公式サイトを参照してください（図3-28）。

図3-28　Closure Compiler公式サイト

URL https://developers.google.com/closure/compiler?hl=ja

Closure Compilerあり/なしの場合で、グルーコードのサイズを比較してみましょう。

1)「3.2.3　emcc実行環境の準備」が終わっていなければ準備をを行います。
2) emcmdprompt.batで開いておいたコマンドプロンプトで、カレントディレクトリをapp02に移動し、sample02用のemccコマンドを実行します。

```
02.bat
```

3) グルーコードのファイルサイズを確認します。

```
dir sample02.js
```

4) 02.batに --closure 1オプションを追加したemccコマンドを実行します。

```
05.bat
```

5) グルーコードのファイルサイズを確認します。

```
dir sample02.js
```

著者の環境では、グルーコードのファイルサイズを約3分の1に圧縮できました。ファイルサイズは、環境により変化することがあります。

条件	ファイルサイズ	圧縮率
Closure Compilerなし	59,411	—
Closure Compilerあり	21,374	36%

注意 Closure Compiler利用後の動作不良

　Closure Compilerは、圧縮時にコードのminify（名前の短縮）を行いますので、本来変更してはいけない名前まで書き換えてしまいます。たとえば、自動生成するグルーコードはClosure Compilerで以下のように書き替えられます。

・Closure Compiler適用前

　　var Module = typeof Module != 'undefined' ? Module : {};

・Closure Compiler適用後

　　var b;

　　b || (b = typeof Module !== 'undefined' ? Module : {});

　このままではModuleオブジェクトの名前が変更され、アプリコードからの呼び出しに不具合が発生します。対応策として、HTMLの最初の<script>タグにModuleオブジェクト定義の記述を行います。

例)

```
<!DOCTYPE html>
<html>
(省略)
  <script>var Module = {};</script>
  <script>.....</script>
  <script src="sample02.js"></script>
</html>
```

3.2.10　WebAssemblyのデバッグ

Emscriptenの変換元コード（C/C++）に、ブレイクポイントを指定してデバッグするには、以下の手順で行います。ここでは、sample02を使って試します。

1) Chrome拡張機能のインストール

Chrome拡張機能「Debug C/C++ WebAssembly」を、chromeブラウザーにインストールします（図3-29）。インストール後はchromeブラウザーを再起動します。

図3-29　「Debug C/C++ WebAssembly」のchromeウェブストア

URL▶ https://chromewebstore.google.com/detail/cc++-devtools-support-dwa/pdcpmagijalfljmkmjngeonclgbbann b?pli=1

2) emccコマンドの実行

変換元コードをデバッグするには、emccコマンドのオプション指定に、-gオプションを指定します。そのために、emcmdprompt.batで開いたコマンドプロンプトで、カレントディレクトリをapp02に移動してから、以下のコマンドを実行します。06.batは、02.batに-gオプションを追加しています。

```
06.bat
```

3）sample02.htmlをブラウザーで開きます（図3-30）。

・sample03 が表示しているページで、ブラウザーの戻るボタンを使ってapp02 ディレクトリのファイル一覧のページへ戻ります。

・app02 ディレクトリのファイル一覧のページでsample02.html のリンクをクリックして表示します。

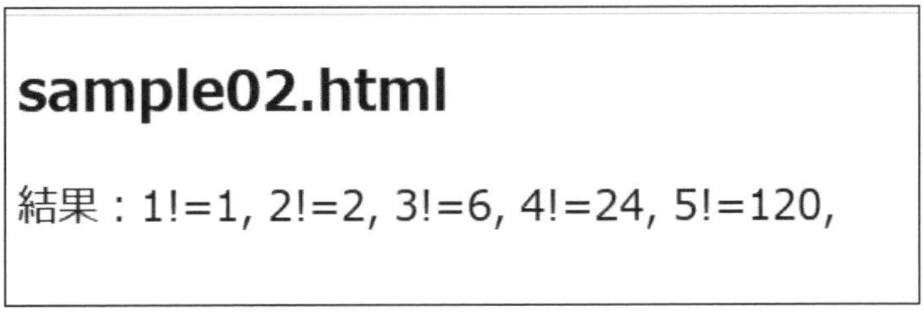

sample02.html

結果：1!=1, 2!=2, 3!=6, 4!=24, 5!=120,

図3-30　sample02の表示

4）デベロッパーツールのSourcesメニューを開きます（図3-31）。

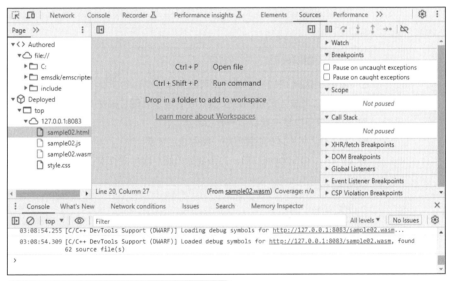

図3-31　デベロッパーツールのSourcesメニューを開く

5) 左ペインから変換元コード、sample02.c ファイルをダブルクリックして中央ペインに表示します（図3-32）。

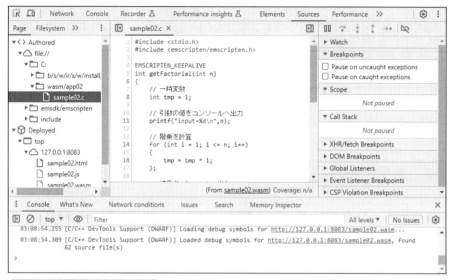

図3-32　sample02.c ファイルを表示

6) sample02.c のコードの行番号をクリックしてブレイクポイントを指定します。これ以降は、これまでの JavaScript のデバッグと同じ操作です。

7) Web ブラウザーをリロードします。

8) ブレイクポイントで実行が一時停止します。

9) 右ペインの Scope にローカル変数の値が表示されます（図3-33）。

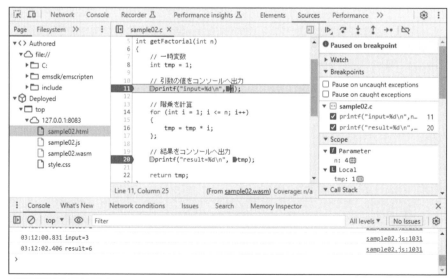

図3-33　ローカル変数が表示される

デバッグ操作の詳細は、図3-34のサイトを参照してください。

図3-34 WebAssemblyのC/C++コードのデバッグ

URL https://developer.chrome.com/docs/devtools/wasm/

次のステップ

ここまでが、「第3章 Emscriptenの使い方」になります。
Emscriptenの3種類の出力モード、コード最適化、デバッグ機能などを、サンプルアプリを使って確認しました。
1〜3章までは、基礎知識の解説でした。次の章からは、実装方法の解説に進みます。

第 **2** 部

実装方法

第4章

JavaScriptと
WebAssemblyの連携

　これまでのフロントエンド開発では、JavaScriptで有効なスコープ内であれば関数呼び出しや変数への代入が自由にできました。しかし、JavaScriptとWebAssemblyでは型付けやメモリ管理の考え方が大きく異なるため、両者間で呼び出しをするには、考慮点があります。第4章では、Emscriptenを用いたJavaScriptとWebAssembly間の連携方法と、サンプルコードの解説をします。

4.1　連携の考慮点と解決策

4.1.1　JavaScriptからのWebAssembly呼び出し

　JavaScriptからWebAssemblyの呼び出しは、WebAssemblyの関数に引数を渡し、関数の処理結果を戻り値として受け取るために多く利用されます（図4-1）。

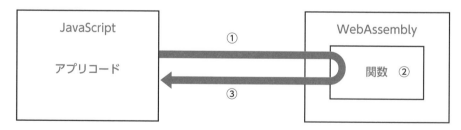

図4-1　JavaScriptからWebAssembly呼び出しの流れ

　①アプリコードは、WebAssemblyの関数の引数に値を設定して呼び出します。
　②WebAssemblyの関数は、引数をもとに処理を行います。
　③アプリコードは、WebAssemblyの関数の戻り値を取得します。

1) 考慮点

①WebAssemblyの関数エクスポート

JavaScript側からWebAssemblyで定義された関数を直接呼び出すことはできません。WebAssemblyからJavaScript側へ関数をエクスポートする必要があります。

②メモリ領域の確保

WebAssemblyの関数の引数の型が、整数または浮動小数点の場合は、JavaScriptは引数をそのまま渡せます。一方、WebAssemblyの関数の引数の型が、配列や文字列などでは、メモリ領域を確保してデータを書き込んだ後、関数の引数にポインター（連続したメモリ領域の参照位置）を渡す必要があります。また、確保したメモリ領域は不要になった時点で解放する必要があります。

> **注意** **WebAssemblyにおけるインポート・エクスポート**
>
> WebAssemblyでインポート・エクスポートという用語は、WebAssembly側から見た表現として使われます。したがって、WebAssemblyの関数エクスポートは、JavaScript側からみた表現では関数のインポートになります。混乱しやすいので注意が必要です。

2) 解決策

Emscriptenは、これら2つの考慮点を解決するヘルパー関数、cwrap()とccall()を用意しています（リスト4-1）。どちらの関数も、WebAssemblyの関数の「エクスポート機能」と、引数に配列や文字列を渡すことをサポートする「メモリ領域の一時確保機能」を持っています。

リスト4-1　cwrap()とccall()の構文
```
Module.cwrap(関数名 , 戻り値の型 , [引数の型 ,...]);
Module.ccall(関数名 , 戻り値の型 , [引数の型 ,...], [引数の値 ,...]);
```

なお、cwrap()とccall()の具体的な利用方法は、「4.2　サンプルアプリによる動作確認」で解説します。

cwrap()とccall()の違いは戻り値です。cwrap()はWebAssemblyからエクスポートした関数そのものを返すのに対し、ccall()はエクスポートした関数の実行結果を返します。またccall()は、指定した関数の実行結果を得るため、引数の型に加えて引数の値も受け取ります。

なお、cwrap()関数は、エクスポートした関数を変数に代入して繰り返し利用する用途に適しています（リスト4-2）。

リスト4-2　cwrap()の使用例
```
const func =  Module.cwrap("func","number", ["number"]); //関数の取得
let result01=func(10);       //関数の実行
```

```
let result02=func(15);      //関数の実行
let result03=func(100);     //関数の実行
```

ccall()は、エクスポートした関数を一度だけ呼び出すのに適しています（リスト4-3）。

リスト4-3　ccall()の使用例
```
//関数の実行（引数は10）
let result01 =  Module.ccall("func01","number", ["number"],[10]);
```

「メモリ領域の一時確保機能」は、cwrap()とccall()どちらでも利用できます。引数の型に"string"または"array"を指定すると、引数を渡すためのメモリ領域の一時確保を行ってくれる便利な機能です。

ただし、メモリ領域の確保は指定した関数を呼び出している間のみ、配列は8ビット配列（Uint8Array、Int8Arrayなど）のみに対応します。

確保したメモリ領域を持続して保持したい場合や、8ビット配列以外の配列やオブジェクトなどを引数として渡したい場合は、リスト4-4のEmscriptenランタイム関数を利用してメモリ領域の確保と解放を明示的に行います。なお、ポインターは数値で表現されるので、cwrapやccallの引数の型として"number"を指定します。

リスト4-4　メモリ領域の確保と解放を行うランタイム関数
```
const ptr=Module._malloc(メモリ領域のサイズ);     //メモリ領域の確保とポインター取得
Module._free(ptr);                               //メモリ領域の解放
```

なお、malloc()、free()の具体的な利用方法は、「4.2　サンプルアプリによる動作確認」で解説します。

4.1.2　WebAssemblyからのJavaScript呼び出し

WebAssemblyからJavaScriptの呼び出しは、WebAssemblyのインスタンス化時に行う初期化処理の完了を、JavaScript側へ通知するために多く利用されます。この場合、WebAssemblyインスタンス化時に自動で呼ばれるmain()関数からJavaScriptの関数を呼び出し、処理結果を引数として渡します（図4-2）。

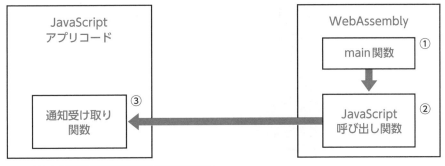

図4-2　WebAssemblyからJavaScript呼び出しの流れ

①WebAssemblyのインスタンス化の完了時に、Emscriptenの変換元コードのmain()関数が自動で呼ばれます。main()関数は必要な初期化処理を行った後、「JavaScript呼び出し関数」に処理結果を渡します。

②「JavaScript呼び出し関数」は、引数を元に処理結果をJavaScript側の「通知受け取り関数」の引数として呼び出します。

③JavaScript側の「通知受け取り関数」は、WebAssemblyの初期化処理の結果を取得します。

1）考慮点

WebAssembly側から JavaScriptで定義された関数を、直接呼び出すことはできません。呼び出すためには、WebAssemblyをインスタンス化する際に、WebAssembly 側にJavaScript 関数やメモリ領域をインポートする必要があります。

2）解決策

Emscriptenは、前項で説明した考慮点に対応する仕組みを、C言語マクロまたはJavaScriptライブラリファイルで実現できます。マクロには、EM_JS（）マクロ（図4-3）または EM_ASM（）マクロ（図4-4）が用意されています。

マクロを利用する場合は、Emscriptenの変換元のC/C++ソースコードにJavaScriptを直接記述します。EM_JS（）は関数のように繰り返し利用する用途、EM_JS()はインラインで即時利用する用途に適しています。

マクロを利用すると、C/C++のソースコードにJavaScriptのコードが混在してしまいます。これを避けたい場合は、JavaScriptライブラリファイルを利用して、JavaScriptのコードを分離します。emcc コマンドの「--js-library」オプションでライブラリファイル名を指定します（図4-5）。

なお、JavaScriptライブラリファイルやマクロの具体的な利用方法は、「4.2　サンプルアプリによる動作確認」で解説します。

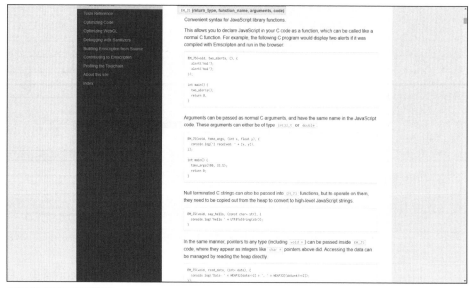

図4-3　EM_JSの利用方法

URL https://emscripten.org/docs/api_reference/emscripten.h.html?#c.EM_JS

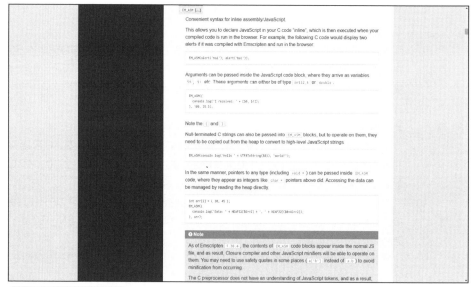

図4-4　EM_ASMの利用方法

URL https://emscripten.org/docs/api_reference/emscripten.h.html?#c.EM_ASM

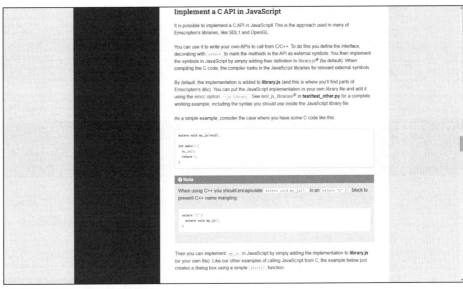

図4-5　ライブラリファイルの利用方法

URL https://emscripten.org/docs/porting/connecting_cpp_and_javascript/Interacting-with-code.html#implement-a-c-api-in-javascript

4.1.3　C++利用時の考慮点

　変換元コードの言語にCではなくC++を利用するときは、関数名変更トラブル対応（マングリング防止）の必要があります。

　C++では、関数のオーバーロードなどを行うと、コンパイル時に「マングリング」と呼ばれる関数名の書き換えが行われます。名前が変わった結果、JavaScript側からWebAssemblyの関数が呼び出せなくなることがあります。これを回避するには、extern "C"ブロック内にC++のコードを記述します（リスト4-5）。

リスト4-5　extern "C"ブロック内にC++のコードを記述

```
#ifdef __cplusplus    //C++の時は#endifまでの記述を有効にする
extern "C" {
#endif
//WebAssemblyの変換元C++コード
・・・・・・
#ifdef __cplusplus    //C++の時は#endifまでの記述を有効にする
}
#endif
```

　#ifdef __cplusplusは、C++のときに#endifまでの記述を有効にします。したがってC++のときは以下のように解釈されます。その結果、外部のCコードと識別され、マングリングを防止できます。

```
extern "C" {
//WebAssemblyの変換元C++コード
・・・・・・
}
```

4.2 サンプルアプリによる動作確認

　Emscriptenで利用する機能や、引数や戻り値の型により実装コードが異なります。ここでは、基本的な組み合わせを例に取り、sample01〜sample11の11種類のサンプルコードを解説します（表4-1）。

表4-1　サンプルアプリのファイル名と処理内容

ファイル名	コードの内容	引数	戻り値
sample01	cwrap()でJSからWASM呼び出し	整数	整数
sample02	cwrap()でJSからWASM呼び出し	8ビット整数配列	整数
sample03	cwrap()でJSからWASM呼び出し	文字列	文字列
sample04	cwrap()でJSからWASM呼び出し	4バイト整数配列[*1]	整数
sample05	ccall()でJSからWASM呼び出し	整数	整数
sample06	ccall ()でJSからWASM呼び出し	8ビット整数配列	整数
sample07	ccall ()でJSからWASM呼び出し	文字列	文字列
sample08	ccall ()でJSからWASM呼び出し	4バイト整数配列[*1]	整数
sample09	EM_JS()でWASMからJS呼び出し	整数	なし
sample10	EM_ASM()でWASMからJS呼び出し	整数	なし
sample11	ライブラリファイルでWASMからJS呼び出し	整数	なし

4.2.1 サンプルアプリ（app03）のダウンロード

　本書の初めの「本書を読む前に」に記載のサポートサイトから、app03の完成版をダウンロードできます。

・app03_YYYYMMDD.7z（YYYYMMDDは更新日）

　ダウンロードしたファイルは7zipツールで展開し、フォルダー名は「app03_YYYYMMDD」から「app03」に変更します。

---

*1　32ビット整数配列。

■ **7zip ツール**

URL https://7-zip.opensource.jp

```
01.bat    //emccコマンド（sample01用）
02.bat    //emccコマンド（sample02用）
03.bat    //emccコマンド（sample03用）
04.bat    //emccコマンド（sample04用）
05.bat    //emccコマンド（sample05用）
06.bat    //emccコマンド（sample06用）
07.bat    //emccコマンド（sample07用）
08.bat    //emccコマンド（sample08用）
09.bat    //emccコマンド（sample09用）
10.bat    //emccコマンド（sample10用）
11.bat    //emccコマンド（sample11用）
sample01.c        //sample01 変換元コード
sample01.html     //sample01 HTMLファイル
sample01.js       //sample01 JavaScriptグルーコード（自動生成）
sample01.wasm     //sample01 WebAssembly実行ファイル（自動生成）
sample02.c        //sample02 変換元コード
sample02.html     //sample02 HTMLファイル
sample02.js       //sample02 JavaScriptグルーコード（自動生成）
sample02.wasm     //sample02 WebAssembly実行ファイル（自動生成）
（省略）
sample11.c        //sample11 変換元コード
sample11.html     //sample11 HTMLファイル
sample11.js       //sample11 JavaScriptグルーコード（自動生成）
sample11.wasm     //sample11 WebAssembly実行ファイル（自動生成）
sample11_lib.js   //JavaScript関数の外部ライブラリファイル
style.css         //スタイルの定義（sample01~11共通）
```

図4-8　app03展開後のファイル一覧（npm関連ファイルは省略）

4.2.2 動作確認の準備

1) 「3.2.3　emcc実行環境の準備」を参考にemccコマンド実行のための準備を行ってください。emcmdprompt.batで開いたコマンドプロンプトでカレントディレクトリをapp03へ移動します。このコマンドプロンプトは開いたままにしておきます。

2) 新規でコマンドプロンプトを開き、カレントディレクトリをapp03フォルダーへ移動します。

3) コマンドプロンプトから、以下のコマンドを実行します。

```
npm start
```

4) しばらくするとローカルWebサーバー（http-server）が起動します。

5) 続いて、Webブラウザーが自動で開き、app03ディレクトリのファイル一覧が表示されます（図4-9）。なお、Chromeブラウザー以外が起動する場合は、既定のブラウザーをChromeブラウザーに設定してください。このapp03ディレクトリのファイル一覧のページは、開いたままにしておきます。

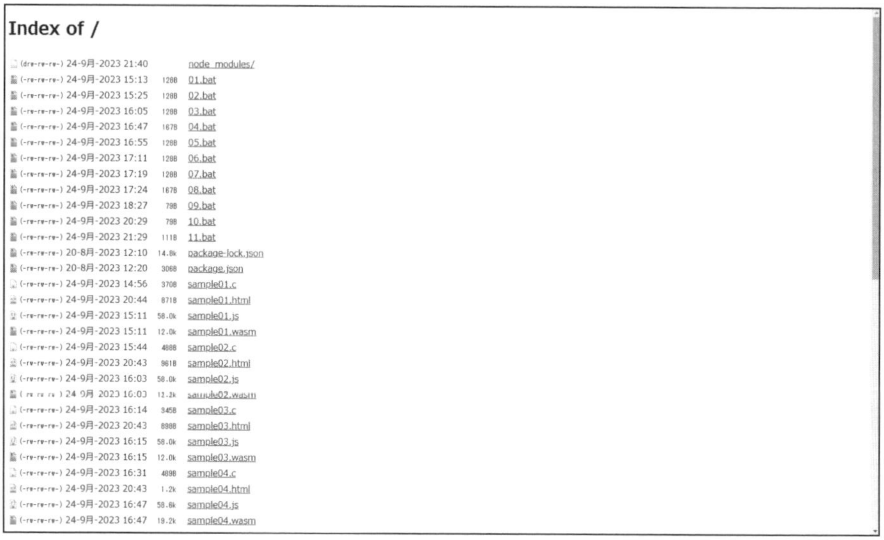

Index of /

📁 (drw-rw-rw-)	24-9月-2023 21:40		node_modules/
📄 (-rw-rw-rw-)	24-9月-2023 15:13	1288	01.bat
📄 (-rw-rw-rw-)	24-9月-2023 15:25	1288	02.bat
📄 (-rw-rw-rw-)	24-9月-2023 16:05	1288	03.bat
📄 (-rw-rw-rw-)	24-9月-2023 16:47	1678	04.bat
📄 (-rw-rw-rw-)	24-9月-2023 16:55	1288	05.bat
📄 (-rw-rw-rw-)	24-9月-2023 17:11	1288	06.bat
📄 (-rw-rw-rw-)	24-9月-2023 17:19	1288	07.bat
📄 (-rw-rw-rw-)	24-9月-2023 17:24	1678	08.bat
📄 (-rw-rw-rw-)	24-9月-2023 18:27	798	09.bat
📄 (-rw-rw-rw-)	24-9月-2023 20:29	798	10.bat
📄 (-rw-rw-rw-)	24-9月-2023 21:29	1118	11.bat
📄 (-rw-rw-rw-)	20-8月-2023 12:10	14.8k	package-lock.json
📄 (-rw-rw-rw-)	20-8月-2023 12:20	3068	package.json
📄 (-rw-rw-rw-)	24-9月-2023 14:56	3708	sample01.c
📄 (-rw-rw-rw-)	24-9月-2023 20:44	8718	sample01.html
📄 (-rw-rw-rw-)	24-9月-2023 15:11	58.0k	sample01.js
📄 (-rw-rw-rw-)	24-9月-2023 15:11	12.0k	sample01.wasm
📄 (-rw-rw-rw-)	24-9月-2023 15:44	4008	sample02.c
📄 (-rw-rw-rw-)	24-9月-2023 20:43	9618	sample02.html
📄 (-rw-rw-rw-)	24-9月-2023 16:03	58.0k	sample02.js
📄 (-rw-rw-rw-)	24-9月-2023 16:03	12.2k	sample02.wasm
📄 (-rw-rw-rw-)	24-9月-2023 16:14	3458	sample03.c
📄 (-rw-rw-rw-)	24-9月-2023 20:43	8908	sample03.html
📄 (-rw-rw-rw-)	24-9月-2023 16:15	58.0k	sample03.js
📄 (-rw-rw-rw-)	24-9月-2023 16:15	12.0k	sample03.wasm
📄 (-rw-rw-rw-)	24-9月-2023 16:31	4008	sample04.c
📄 (-rw-rw-rw-)	24-9月-2023 20:43	1.2k	sample04.html
📄 (-rw-rw-rw-)	24-9月-2023 16:47	58.6k	sample04.js
📄 (-rw-rw-rw-)	24-9月-2023 16:47	19.2k	sample04.wasm

図4-9　Webブラウザーの初期表示

4.2.3　cwrap()でJavaScriptからWASM呼び出し

sample01（cwrapを使用、引数：整数、戻り値：整数）

　このサンプルアプリは、cwrap()によりWebAssembly側からJavaScript側へエクスポートした関数に対し、引数と戻り値の受け渡しの基本的な方法を解説します。

　処理内容は、JavaScriptからWebAssemblyの関数へ整数を渡し、その2乗の値を受け取ります。WebAssemblyの関数に渡せる引数の型は、整数・浮動小数点・ポインター（連続したメモリ領域の参照位置）に制限されていますが、sample01では整数のみ扱うので、単純な実装になっています。

1）変換元コードsample01.cの解説

リスト4-7　sample01.c

```c
#include <stdio.h>  ①
#include <emscripten/emscripten.h>  ②

EMSCRIPTEN_KEEPALIVE  ③
int getSquare(int n)  ④
{
    // 戻り値
    int ret;

    // 引数の値をコンソールへ出力
    printf("WASM: input=%d¥n", n);

    // 2乗を計算
```

```
    ret = n * n;

    // 結果をコンソールへ出力
    printf("WASM: return=%d¥n", ret);

    return ret;  ⑤
}
```

① printf()の利用に必要なヘッダーファイルをインクルードしています。

② アノテーションEMSCRIPTEN_KEEPALIVEの利用に必要なヘッダーファイルをインクルードしています。

③ このアノテーションで、WebAssembly側からJavaScript側へエクスポート可能にします。

④ 引数の2乗を返す関数getSquare()を定義しています。引数の型が整数、戻り値の型が整数の関数です。

⑤ 呼び出し元へ、戻り値を返します。

2) emccコマンド01.batの解説

emccコマンドで、WebAssembly実行ファイル（sample01.wasm）とグルーコード（sample01.js）を自動生成します。なお、ページを表示するHTMLとアプリコード（JavaScript）は、sample01.htmlに手作業で記述します。

リスト4-8　01.bat

```
emcc sample01.c ^  ①
-o sample01.js ^  ②
-s EXPORTED_RUNTIME_METHODS=cwrap ^  ③
-s ENVIRONMENT=web ^  ④
-s NO_FILESYSTEM=1 ^  ⑤
--no-entry  ⑥
```

① 変換元のコードとして、sample01.cを指定します。

② 出力先のファイルとして、sample01.jsを指定します。ファイル拡張子がjsなので、wasm+グルーコードを出力します。

③ Emscriptenのランタイム関数であるcwrapをJavaScript側で利用できるようにします。

④ 動作環境としてwebを指定し、Web環境に必要なグルーコードのみ生成します。それ以外のNode.js・Shell・WebWorker用の不要なグルーコードは生成しないようにします。

⑤ ファイル処理は行わないので、不要なグルーコードが生成しないように、ファイルシステム不要を指定します。

⑥ 変換元のコードに、main()関数が存在しないので、--no-entryを記述してエラーの発生を回避します。

3) HTMLコードsample01.htmlの解説

```
リスト4-9   sample01.html
<!DOCTYPE html>
<html>
（省略）
<body>
  <h1>sample01</h1>
  <script>
    var Module = { "onRuntimeInitialized": initApp };  ①
    function initApp() {  ②
      // WebAssemblyから関数をcwrap()でエクスポート
      const getSquare = Module.cwrap(  ③
        "getSquare",     //関数名  ④
        "number",        //戻り値の型  ⑤
        ["number"]       //引数の型  ⑥
      );
      // WebAssemblyのgetSquare()関数を呼び出し
      const input = 9;
      console.log("JS: input=", input);
      const ret = getSquare(input);  ⑦
      console.log("JS: return=", ret);
    }
  </script>
  <script src="sample01.js"></script>  ⑧
</body>
</html>
```

① WebAssemblyのインスタンス化が完了したとき (onRuntimeInitialized)、initApp()関数を呼び出します。こうすることで、WebAssemblyのインスタンス化完了前にJavaScriptがWebAssemblyにアクセスするのを防止します。

② インスタンス化完了時に呼び出されるinitApp()関数を定義します。

③ cwrap()関数で、WebAssemblyの関数をJavaScript側へエクスポートします。

④ cwrap()関数の第1引数には、エクスポートする関数名を指定します。

⑤ cwrap()関数の第2引数には、戻り値の型を指定します。getSquare()関数は戻り値が整数なので、"number"を指定します。

⑥ cwrap()関数の第3引数には、引数の型を配列で指定します。引数が複数ある場合は、配列内に複数個の型を指定します。getSquare()関数は引数が1個で整数なので、["number"]を指定します。

⑦ WebAssembly側からエクスポートしたgetSquare()関数にJavaScriptが引数を代入して呼び出します。

⑧ Emscriptenが自動生成したグルーコードを読み込みます。

4) sample01の実行

・「4.2.2動作確認の準備（1）」で開いておいたコマンドプロンプトで、以下のコマンドを実行します。

```
01.bat
```

- 開いておいたapp03 ディレクトリのファイル一覧のページでsample01.htmlのリンクをクリックします。
- 動作の状況は、Chrome デベロッパーツールのコンソールに出力されるログで確認します。F12キー押下でデベロッパーツールを開き、上部のメニューから「Console」を選択します。次に、ブラウザーのページのリロードを行います。
- Chrome デベロッパーツールのコンソールにログが表示されます（図4-10）。

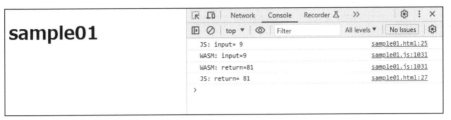

図4-10　Chromeデベロッパーツールのコンソール出力

5）コンソールログの確認

JS: はJavaScriptでのログ（console.log()で出力）、WASM:はWebAssemblyでのログ（printf()で出力）を表しています。

```
リスト4-10　コンソールログ
JS: input= 9  ①
WASM: input=9  ②
WASM: return=81  ③
JS: return= 81  ④
```

①JavaScriptが、引数を9に設定します。
②WebAssemblyの関数が、引数9を受けとります。
③WebAssemblyの関数が、9の2乗＝81を返します。
④JavaScript側が、計算結果の81を受け取ります。

sample02（cwrapを使用、引数：8ビット整数配列、戻り値：整数）

このサンプルアプリは、cwrap()の「メモリ領域の一時確保機能」を利用して、WebAssemblyの関数に8ビット整数配列のデータを渡し、結果を受け取る方法を解説します。

JavaScriptからWebAssembly の関数へ8ビット整数配列を渡し、配列の要素の値をすべて加算した値を受け取ります。8ビット整数配列は、画像データ（RGBA：赤、緑、青、透過度それぞれ8 ビット）の値を保持するためによく利用されます。配列データをWebAssemblyの関数に渡す場合は、以下のような面倒な手順が必要です。

1.配列に必要なメモリサイズの計算
2.メモリ領域の確保
3.確保したメモリ領域に配列データをコピー

4. ポインター（メモリ領域の参照位置）を引数に渡す

5. 処理が完了したら確保したメモリ領域の解放

cwrap()は、引数の型に"array"と指定することで、上記1〜5の手順の代替を「メモリ領域の一時確保機能」で行います。ただし、以下の制約があります。

・メモリ領域の確保は指定した関数を呼び出している間のみ

・配列は8ビット整数配列（Uint8Array、Int8Arrayなど）のみ対応

なお、cwrap()のメモリ領域の一時確保機能は、第1引数に指定した関数の実行が完了すれば自動的にメモリ領域を解放します。関数を複数回実行すると、そのたびにメモリ領域の確保と解放を行います。

1）変換元コードsample02.cの解説

```
リスト4-11  sample02.c

#include <stdio.h>  ①
#include <emscripten/emscripten.h>  ②

EMSCRIPTEN_KEEPALIVE  ③
int sumArray(char *array, int size)  ④
{
    // 戻り値
    int ret = 0;

    for (int i = 0; i < size; i++)
    {
        // 引数の値をコンソールへ出力
        printf("WASM: input[%d]=%d¥n", i, array[i]);
        // 配列の要素の値を加算
        ret += array[i];
    }

    // 結果をコンソールへ出力
    printf("WASM: return=%d¥n", ret);

    return ret;  ⑤
}
```

① printf()の利用に必要なヘッダーファイルをインクルードしています。

② アノテーションEMSCRIPTEN_KEEPALIVEの利用に必要なヘッダーファイルをインクルードしています。

③ このアノテーションで、JavaScript側へエクスポート可能にします。

④ sumArray()関数を定義しています。引数は8ビット整数配列のポインターを表すchar*と配列の要素数を表す整数になります。C言語の配列は、連続したメモリ領域にデータを書き込んだだけのものなので、JavaScriptの配列のような要素数のプロパティがありません。そのため、配列を処理するには、ポインターと要素数の

両方が必要です。この関数は、引数の配列の要素の合計値を返します。

⑤ 呼び出し元へ、配列の要素の合計値を戻り値として返します。

2) emccコマンド02.batの解説

emccコマンドで、WebAssembly実行ファイル（sample02.wasm）とグルーコード（sample02.js）を自動生成します。なお、ページを表示するHTMLとアプリコード（JavaScript）は、sample02.html内に手作業で記述します。

リスト4-12　02.bat

```
emcc sample02.c ^   ①
-o sample02.js ^   ②
-s EXPORTED_RUNTIME_METHODS=cwrap ^   ③
-s ENVIRONMENT=web ^   ④
-s NO_FILESYSTEM=1 ^   ⑤
--no-entry   ⑥
```

① 変換元のコードとして、sample02.cを指定します。

② 出力先のファイルとして、sample02.jsを指定します。ファイル拡張子がjsなので、wasm+グルーコードを出力します。

③ Emscriptenのランタイム関数であるcwrapをJavaScript側で利用可能にします。

④ 動作環境としてwebを指定し、Web環境に必要なグルーコードのみ生成します。それ以外のNode.js・Shell・WebWorker用の不要なグルーコードは生成しないようにします。

⑤ ファイル処理は行わないので、不要なグルーコードが生成しないように、ファイルシステム不要を指定します。

⑥ 変換元のコードに、main()関数が存在しないので、--no-entryを記述してエラーの発生を回避します。

3) HTMLコードsample02.htmlの解説

リスト4-13　sample02.html

```
<!DOCTYPE html>
<html>
（省略）
<body>
  <h1>sample02</h1>
  <script>
    var Module = { "onRuntimeInitialized": initApp };   ①
    function initApp() {   ②
      // WebAssemblyから関数をcwrap()でエクスポート
      const sumArray = Module.cwrap(   ③
        "sumArray",            //関数名   ④
        "number",              //戻り値の型   ⑤
        ["array", "number"]    //引数の型   ⑥
      );
```

```
        // WebAssemblyのsumArray()関数を呼び出し
        const array = new Uint8Array([2, 4, 2, 5]);
        const size = array.length;
        console.log("JS: input=", array);
        const ret = sumArray(array, size);   ⑦
        console.log("JS: return=" + ret);
      }
    </script>
    <script src="sample02.js"></script>   ⑧
</body>

</html>
```

① WebAssembly のインスタンス化が完了したとき（onRuntimeInitialized）、
　initApp()関数を呼び出します。こうすることで、WebAssembly のインスタンス
　化完了前に JavaScript 側からアクセスするのを回避します。
② インスタンス化完了時に呼び出される initApp()関数を定義します。
③ cwrap()関数で、WebAssembly の関数を JavaScript 側へエクスポートします。
④ cwrap()関数の第1引数には、エクスポートする関数名を指定します。
⑤ cwrap()関数の第2引数には、戻り値の型を指定します。ここでは戻り値が整数な
　ので、"number" を指定します。
⑥ cwrap()関数の第3引数には、引数の型を配列で指定します。ここでは引数が配列
　とそのサイズ（整数）なので、["array","number"]を指定します。
⑦ エクスポートした sumArray ()関数に引数を代入して呼び出します。
⑧ Emscripten が自動生成したグルーコードを読み込みます。

　このように、cwrap()の引数に" array" と指定することで、メモリ管理が自動化されるの
で、メモリ管理に関する記述はありません。

4) sample02の実行

・「4.2.2 動作確認の準備（1）」で開いておいたコマンドプロンプトで、以下のコマンドを実
　行します。

```
02.bat
```

・sample01 が表示しているページで、ブラウザーの戻るボタンを使って app03 ディレク
　トリのファイル一覧のページへ戻ります。
・app03 ディレクトリのファイル一覧のページで ample02.html のリンクをクリックします。
・動作の状況は、Chrome デベロッパーツールのコンソールに出力されるログで確認しま
　す。F12 キー押下でデベロッパーツールを開き、上部のメニューから「Console」を選択
　します。次に、ブラウザーのページのリロードを行います。
・Chrome デベロッパーツールのコンソールにログが表示されます（図 4-11）。

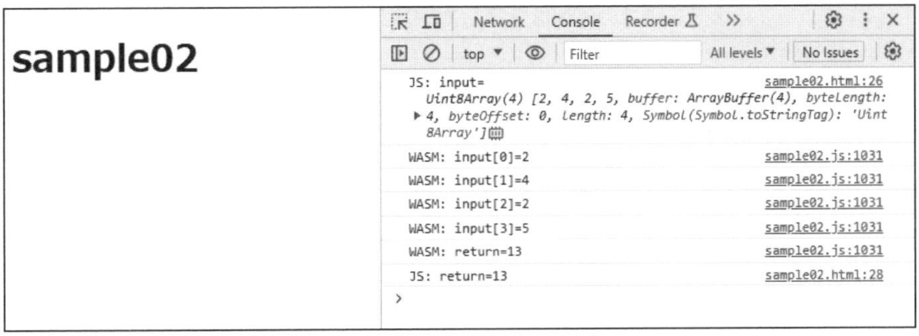

図4-11 Chromeデベロッパーツールのコンソール出力

5) コンソールログの確認

リスト4-14 コンソールログ

```
JS: input= Uint8Array(4) [2, 4, 2, 5, buffer: ArrayBuffer(4), byteLength:
4, byteOffset: 0, length: 4, Symbol(Symbol.toStringTag): 'Uint8Array']  ①
WASM: input[0]=2  ②
WASM: input[1]=4  ②
WASM: input[2]=2  ②
WASM: input[3]=5  ②
WASM: return=13  ③
JS: return=13  ④
```

① JavaScript側が、引数として4つの要素を持つUint8Arrayを設定します。

② WebAssemblyの関数が、受け取った配列の要素を順に読み出します。

③ WebAssemblyの関数が、2+4+2+5 ＝ 13を返します。

④ JavaScript側が、計算結果の13を受け取ります。

sample03（cwrapを使用、引数：文字列、戻り値：文字列）

このサンプルアプリは、JavaScript側からWebAssemblyの関数へ文字列を渡すと、その文字列をそのまま返してくるので、それを受け取ります。文字列をWebAssemblyの関数に渡す場合は、以下のような面倒な手順が基本的に必要です。

1. 文字列に必要なメモリサイズの計算
2. メモリ領域の確保
3. 確保したメモリ領域に文字列をコピー
4. ポインター（メモリ領域の参照位置）を引数に渡す
5. 処理が完了したら確保したメモリ領域の解放
6. 必要に応じて文字エンコードの変換

cwrap()は、引数の型に"string"と指定することで、上記1〜5の手順の代替を「メモリ領域の一時確保機能」が行います。ただし、以下の制約があります。

・ メモリ領域の確保は指定した関数を呼び出している間のみ

このサンプルアプリでも、このcwrap()が持つメモリ領域の一時確保機能を活用します。

1) 変換元コードsample03.cの解説

リスト4-15 sample03.c

```c
#include <stdio.h>  ①
#include <emscripten/emscripten.h>  ②

EMSCRIPTEN_KEEPALIVE  ③
char* inputStr(char *str)  ④
{
    // 引数の値をコンソールへ出力
    printf("WASM: input=%s¥n", str);

    // 引数を戻り値に代入
    char* ret=str;

    // 結果をコンソールへ出力
    printf("WASM: return=%s¥n", ret);

    return ret;  ⑤
}
```

① printf()の利用に必要なヘッダーファイルをインクルードしています。
② アノテーションEMSCRIPTEN_KEEPALIVEの利用に必要なヘッダーファイルをインクルードしています。
③ このアノテーションで、JavaScript側へエクスポート可能にします。
④ 引数の型も戻り値も、文字列のポインターの関数inputStr ()を定義しています。引数の文字列をそのまま戻り値として返します。C言語で扱う文字列は配列と異なり、終端にnullがあるのでサイズの指定は不要です。
⑤ 呼び出し元へ、引数で受け取った文字列をそのまま返します。

2) emccコマンド03.batの解説

リスト4-16 03.bat

```bat
emcc sample03.c ^  ①
-o sample03.js ^  ②
-s EXPORTED_RUNTIME_METHODS=cwrap ^  ③
-s ENVIRONMENT=web ^  ④
-s NO_FILESYSTEM=1 ^  ⑤
--no-entry  ⑥
```

① 変換元のコードとして、sample03.cを指定します。
② 出力先のファイルとして、sample03.jsを指定します。ファイル拡張子がjsなので、wasm+グルーコードを出力します。

③ Emscriptenのランタイム関数であるcwrapをJavaScript側で利用可能にします。

④ 動作環境としてwebを指定し、Web環境に必要なグルーコードのみ生成します。それ以外のNode.js・Shell・WebWorker用の不要なグルーコードは生成しないようにします。

⑤ ファイル処理は行わないので、グルーコードで不要なコードが生成しないように、ファイルシステム不要を指定します。

⑥ 変換元のコードに、main()関数が存在しないので、--no-entryを記述してエラーの発生を回避します。

3) HTMLコード sample03.htmlの解説

リスト4-17　sample03.html

```html
<!DOCTYPE html>
<html>
(省略)
<body>
  <h1>sample03</h1>
  <script>
    var Module = { "onRuntimeInitialized": initApp };  ①
    function initApp() {  ②
      // WebAssemblyから関数をcwrap()でエクスポート
      const inputStr = Module.cwrap(  ③
        "inputStr",              //関数名  ④
        "string",                //戻り値の型  ⑤
        ["string"]               //引数の型  ⑥
      );

      // WebAssemblyのinputStr()関数を呼び出し
      const str = "sample data";
      console.log("JS: input=", str);
      const ret = inputStr(str);  ⑦
      console.log("JS: return=", ret);
    }
  </script>
  <script src="sample03.js"></script>
</body>
</html>
```

① WebAssemblyのインスタンス化が完了したとき（onRuntimeInitialized）、initApp()関数を呼び出します。こうすることで、WebAssemblyのインスタンス化完了前にJavaScript側からアクセスするのを回避します。

② インスタンス化完了時に呼び出されるinitApp()関数を定義します。

③ cwrap()関数で、WebAssemblyの関数をJavaScript側へエクスポートします。

④ cwrap()関数の第1引数には、エクスポートする関数名を指定します。

⑤ cwrap()関数の第2引数には、戻り値の型を指定します。ここでは戻り値が文字列なので、"string"を指定します。

⑥ cwrap()関数の第3引数には、引数の型を配列で指定します。ここでは引数が文字

列なので、["string"]を指定します。

⑦ エクスポートしたinputStr ()関数に引数を代入して呼び出します。

⑧ Emscriptenが自動生成したグルーコードを読み込みます。

このように、cwrap()の引数に"string"と指定することで、メモリ管理が自動化されるので、メモリ管理に関する記述はありません。

4）sample03の実行

・「4.2.2動作確認の準備（1）」で開いておいたコマンドプロンプトで、以下のコマンドを実行します。

```
03.bat
```

・sample02が表示しているページで、ブラウザーの戻るボタンを使ってapp03ディレクトリのファイル一覧のページへ戻ります。

・app03ディレクトリのファイル一覧のページでample03.htmlのリンクをクリックします。

・動作の状況は、Chromeデベロッパーツールのコンソールの出力されるログで確認します。F12キー押下でデベロッパーツールを開き、上部のメニューから「Console」を選択します。次に、ブラウザーのページのリロードを行います。

・Chromeデベロッパーツールのコンソールにログが表示されます（図4-12）。

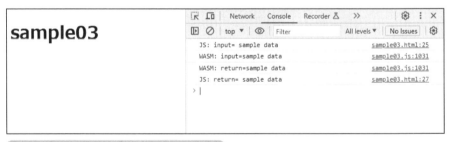

図4-12　Chromeデベロッパーツールのコンソール出力

5）コンソールログの確認

リスト4-18　コンソールログ
```
JS: input= sample data   ①
WASM: input=sample data   ②
WASM: return=sample data   ③
JS: return= sample data   ④
```

①JavaScript側が、引数として"sample data"の文字列を設定します。

②WebAssemblyの関数が、受けとった値は"sample data"です。

③WebAssemblyの関数が、"sample data"の文字列を返します。

④JavaScript側が、"sample data"の文字列を受け取ります。

sample04（cwrap を使用、引数：4 バイト整数配列、戻り値：整数）

　このサンプルアプリは、JavaScript 側から WebAssembly の関数へ整数を代入した配列を送り、配列の要素の値をすべて加算した値を受け取ります。sample02 では 8 ビット整数配列でしたが、ここでは 4 バイト整数配列を使って、より大きな値に対応できるようにします。一方、4 バイト整数配列では cwrap() のメモリ領域の一時確保機能が利用できないため、配列を WebAssembly の関数に渡す場合は、以下のような面倒な手順が必要です。

1. 配列に必要なメモリサイズの計算
2. メモリ領域の確保
3. 確保したメモリ領域に配列データをコピー
4. ポインター（メモリ領域の参照位置）を引数に渡す
5. 処理が完了したら確保したメモリ領域の解放

　このサンプルアプリでは、これらの手順をコードで記述します。

1）変換元コード sample04.c の解説

リスト4-19　sample04.c

```
#include <stdio.h>  ①
#include <emscripten/emscripten.h>  ②

EMSCRIPTEN_KEEPALIVE  ③
int sumArray32(int *array, int size)  ④
{
    // 戻り値
    int ret = 0;

    for (int i = 0; i < size; i++)
    {
        // 引数の値をコンソールへ出力
        printf("WASM: input[%d]=%d¥n", i, array[i]);
        // 配列の要素の値を加算
        ret += array[i];
    }

    // 結果をコンソールへ出力
    printf("WASM: return=%d¥n", ret);

    return ret;  ⑤
}
```

① printf() の利用に必要なヘッダーファイルをインクルードしています。
② アノテーション EMSCRIPTEN_KEEPALIVE の利用に必要なヘッダーファイルをインクルードしています。
③ このアノテーションで、sumArray32() 関数を JavaScript 側へエクスポート可能にします。
④ sumArray32() 関数を定義しています。引数は 4 バイト整数配列のポインターを表

す int* と配列のサイズを表す整数になります。ポインターの情報だけではメモリ
領域の開始位置しかわからないので、配列のサイズ情報も必要になります。この関
数は、引数の配列の要素を順に加算した合計値を返します。

⑤ 呼び出し元へ、配列の要素の合計値を戻り値として返します。

2) emcc コマンド 04.bat の解説

```
リスト4-20  04.bat
emcc sample04.c ^   ①
-o sample04.js ^   ②
-s EXPORTED_RUNTIME_METHODS=cwrap ^   ③
-s ENVIRONMENT=web ^   ④
-s NO_FILESYSTEM=1 ^   ⑤
--no-entry  ^   ⑥
-s EXPORTED_FUNCTIONS=_malloc,_free   ⑦
```

① 変換元のコードとして、sample02.c を指定します。
② 出力先のファイルとして、sample02.js を指定します。ファイル拡張子が js なの
　で、wasm+グルーコードを出力します。
③ Emscripten のランタイム関数である cwrap を JavaScript 側で利用可能にします。
④ 動作環境として web を指定し、Web 環境に必要なグルーコードのみ生成します。
　それ以外の Node.js・Shell・WebWorker 用の不要なグルーコードは生成しない
　ようにします。
⑤ ファイル処理は行わないので、グルーコードで不要なコードが生成しないように、
　ファイルシステム不要を指定します。
⑥ 変換元のコードに、main() 関数が存在しないので、--no-entry を記述してエラー
　の発生を回避します。
⑦ メモリ領域の確保を行う malloc() 関数、解放を行う free() 関数を JavaScript 側で
　利用できるようにします。

3) HTML コード sample04.html の解説

```
リスト4-21  sample04.html
<!DOCTYPE html>
<html>
(省略)
<body>
  <h1>sample04</h1>
  <script>
    var Module = { "onRuntimeInitialized": initApp };  ①
    function initApp() {  ②
      // WebAssembly から関数を cwrap() でエクスポート
      const sumArray32 = Module.cwrap(  ③
```

```
        "sumArray32",                 //関数名    ④
        "number",                     //戻り値の型  ⑤
        ["number", "number"]    //引数の型   ⑥
    );

    // 引数の配列の定義とメモリ領域の確保
    const array = new Int32Array([200, 400, 200, 500]);
    const nByte = array.BYTES_PER_ELEMENT;   ⑦
    const size = array.length;   ⑧
    const ptr = Module._malloc(size * nByte);   ⑨
    Module.HEAP32.set(array, ptr / nByte);   ⑩

    // WebAssemblyのsumArray()関数を呼び出し
    console.log("JS: input=", array);
    const ret = sumArray32(ptr, size);   ⑪
    console.log("JS: return=" + ret);

    // メモリ領域の解放
    Module._free(ptr);   ⑫
  }
</script>
<script src="sample04.js"></script>   ⑬
</body>
</html>
```

① WebAssemblyのインスタンス化が完了したとき（onRuntimeInitialized）、init
  App()関数を呼び出します。こうすることで、WebAssemblyのインスタンス化
  完了前にJavaScript側からアクセスするのを回避します。

② インスタンス化完了時に呼び出されるinitApp()関数を定義します。

③ cwrap()関数で、WebAssemblyの関数をJavaScript側へエクスポートします。

④ cwrap()関数の第1引数には、エクスポートする関数名を指定します。

⑤ cwrap()関数の第2引数には、戻り値の型を指定します。ここでは戻り値が整数な
  ので、"number"を指定します。

⑥ cwrap()関数の第3引数には、引数の型を配列で指定します。ここでは引数が配列
  のポインター（整数）とそのサイズ（整数）なので、["number","number"]
  を指定します。"array"と指定すると、8ビット整数配列と誤って識別されてしま
  います。

⑦ 配列要素あたりのバイト数を取得します。

⑧ 配列の要素数を取得します。

⑨ 配列が必要とするバイト数を引数に指定して、malloc()関数でメモリ領域を確保、
  領域にアクセスするためのポインターを変数ptrに代入します。

⑩ 確保したメモリ領域に配列データをコピーします。

⑪ エクスポートしたsumArray32 ()関数に引数を代入して呼び出します。

⑫ 確保したメモリ領域を解放します。

⑬ Emscriptenが自動生成したグルーコードを読み込みます。

4) sample04の実行

- 「4.2.2　動作確認の準備（1）」で開いておいたコマンドプロンプトで、以下のコマンドを実行します。

```
04.bat
```

- sample03が表示しているページで、ブラウザーの戻るボタンを使ってapp03ディレクトリのファイル一覧のページへ戻ります。
- app03ディレクトリのファイル一覧のページでample04.htmlのリンクをクリックします。
- 動作の状況は、Chromeデベロッパーツールのコンソールの出力されるログで確認します。F12キー押下でデベロッパーツールを開き、上部のメニューから「Console」を選択します。次に、ブラウザーのページのリロードを行います。
- Chromeデベロッパーツールのコンソールにログが表示されます（図4-13）。

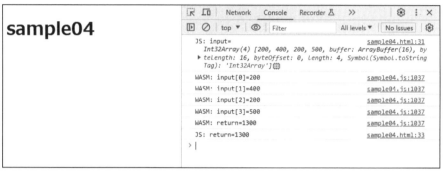

図4-13　Chromeデベロッパーツールのコンソール出力

5) コンソールログの確認

リスト4-22　コンソールログ

```
JS: input= Int32Array(4) [200, 400, 200, 500, buffer: ArrayBuffer(16),
byteLength: 16, byteOffset: 0, length: 4, Symbol(Symbol.toStringTag):
'Int32Array']    ①
WASM: input[0]=200 ②
WASM: input[1]=400 ②
WASM: input[2]=200 ②
WASM: input[3]=500 ②
WASM: return=1300 ③
JS: return=1300 ④
```

① JavaScript側が、引数として4つの要素を持つInt32Arrayを設定します。

② WebAssemblyの関数が、受け取った配列の要素を順に読み出します。

③ WebAssemblyの関数が、200+400+200+500＝1300を返します。

④ JavaScript側が、計算結果の1300を受け取ります。

ccall() でJavaScriptからWASM呼び出し

cwrap()を使用したsample01〜sample04と同じ機能のサンプルアプリを、sample05〜sample08ではccall()を使って実装しています。emccコマンドとHTMLファイルのアプリコードは異なりますが、変換元コードなどは重複しています。必要に応じて読み飛ばしてください。

sample05 (ccallを使用、引数：整数、戻り値：整数)

このサンプルアプリは、JavaScript側からWebAssemblyの関数へ整数を送り、その2乗の値を受け取ります。WebAssemblyの関数に渡せる引数の型は、整数・浮動小数点・ポインター（連続したメモリ領域の参照位置）に制限されていますが、ここでは整数のみ扱うので、基本的な実装になっています。

1) 変換元コードsample05.cの解説

リスト4-23　sample05.c

```c
#include <stdio.h>  ①
#include <emscripten/emscripten.h>  ②

EMSCRIPTEN_KEEPALIVE  ③
int getSquare(int n)  ④
{
    // 戻り値
    int ret;

    // 引数の値をコンソールへ出力
    printf("WASM: input=%d\n", n);

    // 2乗を計算
    ret = n * n;

    // 結果をコンソールへ出力
    printf("WASM: return=%d\n", ret);

    return ret;  ⑤
}
```

① printf()の利用に必要なヘッダーファイルをインクルードしています。

② アノテーションEMSCRIPTEN_KEEPALIVEの利用に必要なヘッダーファイルをインクルードしています。

③ このアノテーションで、getSquare()関数をJavaScript側へエクスポート可能にします。

④ 引数の型が整数、戻り値の型が整数の関数、getSquare()を定義しています。引数の2乗を返します。

⑤ 呼び出し元へ、戻り値を返します。

2）emccコマンド05.batの解説

```
リスト4-24  05.bat
emcc sample05.c ^  ①
-o sample05.js ^  ②
-s EXPORTED_RUNTIME_METHODS=ccall ^  ③
-s ENVIRONMENT=web ^  ④
-s NO_FILESYSTEM=1 ^  ⑤
--no-entry  ⑥
```

① 変換元のコードとして、sample05.cを指定します。

② 出力先のファイルとして、sample05.jsを指定します。ファイル拡張子がjsなので、wasm+グルーコードを出力します。

③ Emscriptenのランタイム関数であるccallをJavaScript側で利用可能にします。

④ 動作環境としてwebを指定し、Web環境に必要なグルーコードのみ生成します。それ以外のNode.js・Shell・WebWorker用の不要なグルーコードは生成しないようにします。

⑤ ファイル処理は行わないので、グルーコードで不要なコードが生成しないように、ファイルシステム不要を指定します。

⑥ 変換元のコードに、main()関数が存在しないので、--no-entryを記述してエラーの発生を回避します。

3）HTMLコードsample05.htmlの解説

```
リスト4-25  sample05.html
<!DOCTYPE html>
<html>
（省略）
<body>
  <h1>sample05</h1>
  <script>
    var Module = { "onRuntimeInitialized": initApp };  ①
    function initApp() {  ②

      // WebAssemblyのgetSquare()関数をccall()で呼び出し
      const input = 9;
      console.log("JS: input=", input);
      const ret = Module.ccall(  ③
        "getSquare",    //関数名  ④
        "number",       //戻り値の型  ⑤
        ["number"],     //引数の型  ⑥
        [input]         //引数の値  ⑦
      );
      console.log("JS: return=", ret);
    }
  </script>
  <script src="sample05.js"></script>  ⑧
</body>
</html>
```

① WebAssembly のインスタンス化が完了したとき (onRuntimeInitialized)、initApp() 関数を呼び出します。こうすることで、WebAssembly のインスタンス化完了前に JavaScript 側からアクセスするのを回避します。

② インスタンス化完了時に呼び出される initApp() 関数を定義します。

③ ccall() 関数で、WebAssembly の関数を JavaScript から呼び出して戻り値を取得します。

④ ccall () 関数の第1引数には、エクスポートする関数名を指定します。

⑤ ccall() 関数の第2引数には、戻り値の型を指定します。ここでは戻り値が整数なので、"number" を指定します。

⑥ ccall () 関数の第3引数には、引数の型を配列で指定します。引数が複数ある場合は、配列内に複数個の型を指定します。ここでは引数が1個で整数なので、["number"] を指定します。

⑦ ccall () 関数の第4引数には、配列内に引数の値を指定します。

⑧ Emscripten が自動生成したグルーコードを読み込みます。

4) sample05 の実行

・「4.2.2 動作確認の準備 (1)」で開いておいたコマンドプロンプトで、以下のコマンドを実行します。

```
05.bat
```

・sample04 が表示しているページで、ブラウザーの戻るボタンを使って app03 ディレクトリのファイル一覧のページへ戻ります。

・app03 ディレクトリのファイル一覧のページで ample05.html のリンクをクリックします。

・動作の状況は、Chrome デベロッパーツールのコンソールの出力されるログで確認します。F12 キー押下でデベロッパーツールを開き、上部のメニューから「Console」を選択します。次に、ブラウザーのページのリロードを行います。

・Chrome デベロッパーツールのコンソールにログが表示されます (図4-14)。

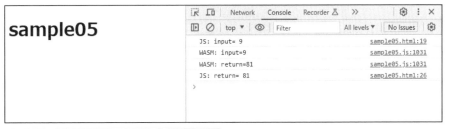

図4-14　Chrome デベロッパーツールのコンソール出力

5）コンソールログの確認

リスト4-26　コンソールログ

```
JS: input= 9  ①
WASM: input=9  ②
WASM: return=81  ③
JS: return= 81  ④
```

① JavaScript側が、引数を9に設定します。
② WebAssemblyの関数が、引数9を受け取ります。
③ WebAssemblyの関数が、9の2乗＝81を返します。
④ JavaScript側が、計算結果の81を受け取ります。

sample06（ccallを使用、引数：8ビット整数配列、戻り値：整数）

　このサンプルアプリは、JavaScript側からWebAssemblyの関数へ整数を代入した配列を送り、配列の要素の値をすべて加算した値を受け取ります。配列をWebAssemblyの関数に渡す場合は、以下のような面倒な手順が基本的に必要です。

1. 配列に必要なメモリサイズの計算
2. メモリ領域の確保
3. 確保したメモリ領域に配列データをコピー
4. ポインター（メモリ領域の参照位置）を引数に渡す
5. 処理が完了したら確保したメモリ領域の解放

　ccall()は、引数の型に"array"と指定することで、上記1〜5の手順の代替を「メモリ領域の一時確保機能」が行います。ただし、以下の制約があります。

・メモリ領域の確保は指定した関数を呼び出している間のみ
・配列は8ビット整数配列（Uint8Array、Int8Arrayなど）のみ対応

　このサンプルアプリでも、このccall()が持つメモリ領域の一時確保機能を活用します。

1）変換元コードsample06.cの解説

リスト4-27　sample06.c

```
#include <stdio.h>  ①
#include <emscripten/emscripten.h>  ②

EMSCRIPTEN_KEEPALIVE  ③
int sumArray(char *array, int size)  ④
{
    // 戻り値
    int ret = 0;
```

```
    for (int i = 0; i < size; i++)
    {
        // 引数の値をコンソールへ出力
        printf("WASM: input[%d]=%d¥n", i, array[i]);
        // 配列の要素の値を加算
        ret += array[i];
    }

    // 結果をコンソールへ出力
    printf("WASM: return=%d¥n", ret);

    return ret;  ⑤
}
```

① printf() の利用に必要なヘッダーファイルをインクルードしています。
② アノテーションEMSCRIPTEN_KEEPALIVEの利用に必要なヘッダーファイルをインクルードしています。
③ このアノテーションで、sumArray関数をJavaScript側へエクスポート可能にします。
④ sumArray()関数を定義しています。引数は8ビット整数配列のポインターを表すchar*と配列のサイズを表す整数になります。C言語の配列は、連続したメモリ領域にデータを書き込んだだけのものなのでJavaScriptの配列のような要素数のプロパティがありません。そのため、配列を処理するには、ポインターと要素数の両方が必要です。この関数は、引数の配列の要素を順に加算した合計値を返します。
⑤ 呼び出し元へ、配列の要素を合計した値を戻り値として返します。

2) emccコマンド06.batの解説

リスト4-28　06.bat

```
emcc sample06.c ^  ①
-o sample06.js ^  ②
-s EXPORTED_RUNTIME_METHODS=ccall ^  ③
-s ENVIRONMENT=web ^  ④
-s NO_FILESYSTEM=1 ^  ⑤
--no-entry ⑥
```

① 変換元のコードとして、sample06.cを指定します。
② 出力先のファイルとして、sample06.jsを指定します。ファイル拡張子がjsなので、wasm+グルーコードを出力します。
③ Emscriptenのランタイム関数であるccallをJavaScript側で利用可能にします。
④ 動作環境としてwebを指定し、Web環境に必要なグルーコードのみ生成します。それ以外のNode.js・Shell・WebWorker用の不要なグルーコードは生成しないようにします。
⑤ ファイル処理は行わないので、グルーコードで不要なコードが生成しないように、ファイルシステム不要を指定します。

⑥ 変換元のコードに、main() 関数が存在しないので、--no-entry を記述してエラーの発生を回避します。

3) HTMLコード sample06.html の解説

リスト4-29　sample06.html

```html
<!DOCTYPE html>
<html>
（省略）
<body>
  <h1>sample06</h1>
  <script>
    var Module = { "onRuntimeInitialized": initApp };  ①
    function initApp() {  ②
      // WebAssembly の sumArray()関数を ccall()で呼び出し
      const array = new Uint8Array([2, 4, 2, 5]);
      const size = array.length;
      console.log("JS: input=", array);
      const ret = Module.ccall(  ③
        "sumArray",            //関数名  ④
        "number",              //戻り値の型  ⑤
        ["array", "number"],   //引数の型  ⑥
        [array, size]          //引数の値  ⑦
      );
      console.log("JS: return=" + ret);
    }
  </script>
  <script src="sample06.js"></script>  ⑧
</body>

</html>
```

① WebAssembly のインスタンス化が完了したとき（onRuntimeInitialized）、initApp()関数を呼び出します。こうすることで、WebAssembly のインスタンス化完了前に JavaScript 側からアクセスするのを回避します。

② インスタンス化完了時に呼び出される initApp() 関数を定義します。

③ ccall()関数で、WebAssembly の関数を JavaScript から呼び出して戻り値を取得します。

④ ccall ()関数の第1引数には、エクスポートする関数名を指定します。

⑤ ccall()関数の第2引数には、戻り値の型を指定します。ここでは戻り値が整数なので、"number" を指定します。

⑥ ccall ()関数の第3引数には、引数の型を配列で指定します。引数が複数ある場合は、配列内に複数個の型を指定します。ここでは引数が1個で整数なので、[" number"]を指定します。

⑦ ccall ()関数の第4引数には、配列内に引数の値を指定します。

⑧ Emscripten が自動生成したグルーコードを読み込みます。

このように、ccall()の引数に"array"と指定することで、メモリ管理が自動化されるので、メモリ管理に関する記述はありません。

4) sample06の実行

・「4.2.2　動作確認の準備（1）」で開いておいたコマンドプロンプトで、以下のコマンドを実行します。

```
06.bat
```

・sample05が表示しているページで、ブラウザーの戻るボタンを使ってapp03ディレクトリのファイル一覧のページへ戻ります。
・app03ディレクトリのファイル一覧のページでample06.htmlのリンクをクリックします。
・動作の状況は、Chromeデベロッパーツールのコンソールの出力されるログで確認します。F12キー押下でデベロッパーツールを開き、上部のメニューから「Console」を選択します。次に、ブラウザーのページのリロードを行います。
・Chromeデベロッパーツールのコンソールにログが表示されます（図4-15）。

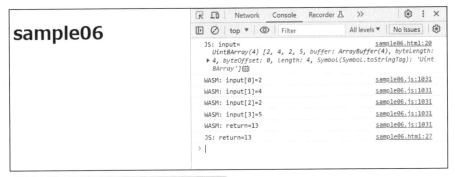

図4-15　Chromeデベロッパーツールのコンソール出力

5) コンソールログの確認

リスト4-30　コンソールログの確認

```
JS: input= Uint8Array(4) [2, 4, 2, 5, buffer: ArrayBuffer(4), byteLength:
4, byteOffset: 0, length: 4, Symbol(Symbol.toStringTag): 'Uint8Array']  ①
WASM: input[0]=2  ②
WASM: input[1]=4  ②
WASM: input[2]=2  ②
WASM: input[3]=5  ②
WASM: return=13  ③
JS: return=13  ④
```

① JavaScript側が、引数として4つの要素を持つUint8Arrayを設定します。
② WebAssemblyの関数が、受け取った配列の要素を順に読み出します。
③ WebAssemblyの関数が、2+4+2+5 = 13を返します。
④ JavaScript側が、計算結果の13を受け取ります。

sample07（ccallを使用、引数：文字列、戻り値：文字列）

　このサンプルアプリは、JavaScript側からWebAssemblyの関数へ文字列を渡すと、その文字列をそのまま返してくるので、それを受け取ります。文字列をWebAssemblyの関数に渡す場合は、以下のような面倒な手順が基本的に必要です。

　　1. 文字列に必要なメモリサイズの計算
　　2. メモリ領域の確保
　　3. 確保したメモリ領域に文字列をコピー
　　4. ポインター（メモリ領域の参照位置）を引数に渡す
　　5. 処理が完了したら確保したメモリ領域の解放
　　6. 必要に応じて文字エンコードの変換

　ccall()は、引数の型に"string"と指定することで、上記1〜5の手順の代替を「メモリ領域の一時確保機能」が行います。ただし、以下の制約があります。

　・ メモリ領域の確保は指定した関数を呼び出している間のみ

　このサンプルアプリでも、このccall ()が持つメモリ領域の一時確保機能を活用します。

1）変換元コードsample07.cの解説

```
リスト4-31　sample07.c

#include <stdio.h>  ①
#include <emscripten/emscripten.h>  ②

EMSCRIPTEN_KEEPALIVE  ③
char* inputStr(char *str)  ④
{
    // 引数の値をコンソールへ出力
    printf("WASM: input=%s¥n", str);

    // 引数を戻り値に代入
    char* ret=str;

    // 結果をコンソールへ出力
    printf("WASM: return=%s¥n", ret);

    return ret;  ⑤
}
```

　① printf()の利用に必要なヘッダーファイルをインクルードしています。
　② アノテーションEMSCRIPTEN_KEEPALIVEの利用に必要なヘッダーファイルをインクルードしています。
　③ このアノテーションで、JavaScript側へエクスポート可能にします。
　④ 引数の型も戻り値も文字列のポインターの関数、inputStr ()を定義しています。引

数の文字列をそのまま戻り値として返します。C言語の文字列は配列と異なり、終端にnullがあるのでサイズの指定は不要です。

⑤ 呼び出し元へ、引数で受け取った文字列を返します。

2) emccコマンド07.batの解説

```
リスト4-32  07.bat
emcc sample07.c ^   ①
-o sample07.js ^   ②
-s EXPORTED_RUNTIME_METHODS= ccall ^   ③
-s ENVIRONMENT=web ^   ④
-s NO_FILESYSTEM=1 ^   ⑤
--no-entry   ⑥
```

① 変換元のコードとして、sample07.cを指定します。

② 出力先のファイルとして、sample07.jsを指定します。ファイル拡張子がjsなので、wasm+グルーコードを出力します。

③ Emscriptenのランタイム関数であるccallをJavaScript側で利用可能にします。

④ 動作環境としてwebを指定し、Web環境に必要なグルーコードのみ生成します。それ以外のNode.js・Shell・WebWorker用の不要なグルーコードは生成しないようにします。

⑤ ファイル処理は行わないので、グルーコードで不要なコードが生成しないように、ファイルシステム不要を指定します。

⑥ 変換元のコードに、main()関数が存在しないので、--no-entryを記述してエラーの発生を回避します。

3) HTMLコードsample07.htmlの解説

```
リスト4-33  sample07.html
<!DOCTYPE html>
<html>
（省略）
<body>
  <h1>sample07</h1>
  <script>
    var Module = { "onRuntimeInitialized": initApp };  ①
    function initApp() {  ②

      // WebAssemblyのinputStr()関数をccall()で呼び出し
      const str = "sample data";
      console.log("JS: input=", str);
      const ret = Module.ccall(  ③
        "inputStr",              //関数名   ④
        "string",                //戻り値の型   ⑤
        ["string"],              //引数の型   ⑥
```

```
      [str]                        //引数の値  ⑦
    );
    console.log("JS: return=", ret);

  }
 </script>
 <script src="sample07.js"></script>  ⑧
</body>
</html>
```

① WebAssemblyのインスタンス化が完了したとき（onRuntimeInitialized）、initApp()関数を呼び出します。こうすることで、WebAssemblyのインスタンス化完了前にJavaScript側からアクセスするのを回避します。

② インスタンス化完了時に呼び出されるinitApp()関数を定義します。

③ ccall()関数で、WebAssemblyの関数をJavaScriptから呼び出して戻り値を取得します。

④ ccall()関数の第1引数には、エクスポートする関数名を指定します。

⑤ ccall()関数の第2引数には、戻り値の型を指定します。ここでは戻り値が整数なので、"number"を指定します。

⑥ ccall()関数の第3引数には、引数の型を配列で指定します。引数が複数ある場合は、配列内に複数個の型を指定します。ここでは引数が1個で整数なので、["number"]を指定します。

⑦ ccall()関数の第4引数には、配列内に引数の値を指定します。

⑧ Emscriptenが自動生成したグルーコードを読み込みます。

このように、ccall()の引数に"string"と指定することで、メモリ管理が自動化されるので、メモリ管理に関する記述はありません。

4) sample07の実行

・「4.2.2　動作確認の準備（1）」で開いておいたコマンドプロンプトで、以下のコマンドを実行します。

```
07.bat
```

・sample06が表示しているページで、ブラウザーの戻るボタンを使ってapp03ディレクトリのファイル一覧のページへ戻ります。

・app03ディレクトリのファイル一覧のページでample07.htmlのリンクをクリックします。

・動作の状況は、Chromeデベロッパーツールのコンソールの出力されるログで確認します。F12キー押下でデベロッパーツールを開き、上部のメニューから「Console」を選択します。次に、ブラウザーのページのリロードを行います。

・Chromeデベロッパーツールのコンソールにログが表示されます（図4-16）。

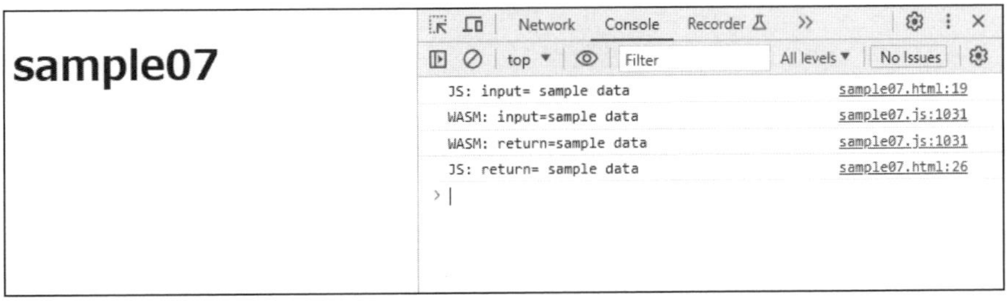

図4-16　Chromeデベロッパーツールのコンソール出力

5) コンソールログの確認

リスト4-34　コンソールログ

```
JS: input= sample data  ①
WASM: input=sample data  ②
WASM: return=sample data  ③
JS: return= sample data  ④
```

① JavaScript側が、引数として"sample data"の文字列を設定します。
② WebAssemblyの関数が、受け取った値は"sample data"です。
③ WebAssemblyの関数が、"sample data"の文字列を返します。
④ JavaScript側が、"sample data"の文字列を受け取ります。

sample08（ccallを使用、引数：4バイト整数配列、戻り値：整数）

　このサンプルアプリは、JavaScript側からWebAssemblyの関数へ整数を代入した配列を送り、配列の要素の値をすべて加算した値を受け取ります。sample06では8ビット整数配列でしたが、ここでは4バイト整数配列を使って、より大きな値に対応できるようにします。一方、4バイト整数配列ではccall()のメモリ領域の一時確保機能が利用できないため、配列をWebAssemblyの関数に渡す場合は、以下のような面倒な手順が必要です。

1. 配列に必要なメモリサイズの計算
2. メモリ領域の確保
3. 確保したメモリ領域に配列データをコピー
4. ポインター（メモリ領域の参照位置）を引数に渡す
5. 処理が完了したら確保したメモリ領域の解放

　このサンプルアプリでは、これらの手順をコードで記述します。

1) 変換元コードsample08.cの解説

リスト4-35　sample08.c

```
#include <stdio.h>  ①
#include <emscripten/emscripten.h>  ②
```

4.2 サンプルアプリによる動作確認　**115**

```
EMSCRIPTEN_KEEPALIVE  ③
int sumArray32(int *array, int size)  ④
{
    // 戻り値
    int ret = 0;

    for (int i = 0; i < size; i++)
    {
        // 引数の値をコンソールへ出力
        printf("WASM: input[%d]=%d¥n", i, array[i]);
        // 配列の要素の値を加算
        ret += array[i];
    }

    // 結果をコンソールへ出力
    printf("WASM: return=%d¥n", ret);

    return ret;  ⑤
}
```

① printf()の利用に必要なヘッダーファイルをインクルードしています。
② アノテーションEMSCRIPTEN_KEEPALIVEの利用に必要なヘッダーファイルをインクルードしています。
③ このアノテーションで、JavaScript側へエクスポート可能にします。
④ sumArray32()関数を定義しています。引数は4バイト整数配列のポインターを表すint*と配列のサイズを表す整数になります。C言語の配列は、連続したメモリ領域にデータを書き込んだだけのものなので、JavaScriptの配列のような要素数のプロパティがありません。そのため、配列を処理するには、ポインターと要素数の両方が必要です。この関数は、引数の配列の要素を順に加算した合計値を返します。
⑤ 呼び出し元へ、配列の要素を加算した戻り値を返します。

2) emccコマンド08.batの解説

リスト4-36　08.bat

```
emcc sample08.c ^  ①
-o sample08.js ^  ②
-s EXPORTED_RUNTIME_METHODS=ccall ^  ③
-s ENVIRONMENT=web ^  ④
-s NO_FILESYSTEM=1 ^  ⑤
--no-entry ^  ⑥
-s EXPORTED_FUNCTIONS=_malloc,_free  ⑦
```

① 変換元のコードとして、sample08.cを指定します。
② 出力先のファイルとして、sample08.jsを指定します。ファイル拡張子がjsなので、wasm+グルーコードを出力します。
③ Emscriptenのランタイム関数であるccallをJavaScript側で利用可能にします。
④ 動作環境としてwebを指定し、Web環境に必要なグルーコードのみ生成します。それ以外のNode.js・Shell・WebWorker用の不要なグルーコードは生成しない

ようにします。

⑤ ファイル処理は行わないので、グルーコードで不要なコードが生成しないように、ファイルシステム不要を指定します。

⑥ 変換元のコードに、main()関数が存在しないので、--no-entryを記述してエラーの発生を回避します。

⑦ メモリ領域の確保を行うmalloc()関数、解放を行うfree()関数をJavaScript側で利用できるようにします。

3) HTMLコードsample08.htmlの解説

リスト4-37　sample08.html

```html
<!DOCTYPE html>
<html>
（省略）
<body>
  <h1>sample08</h1>
  <script>
    var Module = { "onRuntimeInitialized": initApp };  ①
    function initApp() {  ②

      // 引数の配列の定義とメモリ領域の確保
      const array = new Int32Array([200, 400, 200, 500]);
      const nByte = array.BYTES_PER_ELEMENT;  ③
      const size = array.length;  ④
      const ptr = Module._malloc(size * nByte);  ⑤
      Module.HEAP32.set(array, ptr / nByte);  ⑥

      // WebAssemblyのsumArray()関数をccall()で呼び出し
      console.log("JS: input=", array);
      const ret = Module.ccall(  ⑦
        "sumArray32",              //関数名  ⑧
        "number",                  //戻り値の型  ⑨
        ["number", "number"],      //引数の型  ⑩
        [ptr, size]                //引数の型  ⑪
      );
      console.log("JS: return=" + ret);

      // メモリ領域の解放
      Module._free(ptr);  ⑫

    }
  </script>
  <script src="sample08.js"></script>  ⑬
</body>
</html>
```

① WebAssemblyのインスタンス化が完了したとき（onRuntimeInitialized）、initApp()関数を呼び出します。こうすることで、WebAssemblyのインスタンス化完了前にJavaScript側からアクセスするのを回避します。

② インスタンス化完了時に呼び出されるinitApp()関数を定義します。

③ 配列要素あたりのバイト数を取得します。

④ 配列の要素数を取得します。

⑤ 配列が必要とするバイト数を引数に指定して、malloc()関数でメモリ領域を確保、領域にアクセスするためのポインターをptrに代入します。

⑥ 配列データを確保したメモリ領域にコピーします。

⑦ ccall()関数で、WebAssemblyの関数をJavaScriptから呼び出して戻り値を取得します。

⑧ ccall()関数の第1引数には、エクスポートする関数名を指定します。

⑨ ccall()関数の第2引数には、戻り値の型を指定します。ここでは戻り値が整数なので、"number"を指定します。

⑩ ccall()関数の第3引数には、引数の型を配列で指定します。ここでは引数が配列のポインター（整数）とそのサイズ（整数）なので、["number","number"]を指定します。"array"と指定すると、8ビット整数配列と誤って識別されてしまいます。

⑪ ccall ()関数の第4引数には、配列内に引数の値を指定します。

⑫ 確保したメモリ領域を解放します。

⑬ Emscriptenが自動生成したグルーコードを読み込みます。

4）sample08の実行

・「4.2.2　動作確認の準備（1）」で開いておいたコマンドプロンプトで、以下のコマンドを実行します。

```
08.bat
```

・sample07が表示しているページで、ブラウザーの戻るボタンを使ってapp04ディレクトリのファイル一覧のページへ戻ります。

・app04ディレクトリのファイル一覧のページでample08.htmlのリンクをクリックします。

・動作の状況は、Chromeデベロッパーツールのコンソールの出力されるログで確認します。F12キー押下でデベロッパーツールを開き、上部のメニューから「Console」を選択します。次に、ブラウザーのページのリロードを行います。

・Chromeデベロッパーツールのコンソールにログが表示されます（図4-17）。

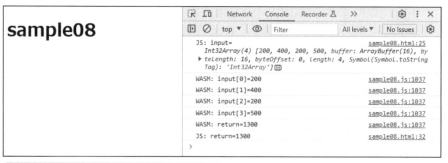

図4-17　Chromeデベロッパーツールのコンソール出力

5）コンソールログの確認

```
JS: input= Int32Array(4) [200, 400, 200, 500, buffer: ArrayBuffer(16),
byteLength: 16, byteOffset: 0, length: 4, Symbol(Symbol.toStringTag):
'Int32Array']    ①
WASM: input[0]=200  ②
WASM: input[1]=400  ②
WASM: input[2]=200  ②
WASM: input[3]=500  ②
WASM: return=1300  ③
JS: return=1300  ④
```

① JavaScript側が、引数として4つの要素を持つInt32Arrayを設定します。

② WebAssemblyの関数が、受けとった配列の要素を順に読み出します。

③ WebAssemblyの関数が、200+400+200+500 = 1300を返します。

④ JavaScript側が、計算結果の1300を受け取ります。

4.2.5　WASMからJavaScript呼び出し

sample01〜sample08では、「JavaScriptからWebAssembly呼び出し」の実装サンプルを紹介しました。ここでは逆方向の「WebAssemblyからJavaScript呼び出し」の実装サンプルを説明します。実装する処理の流れは図4-18の通りです。

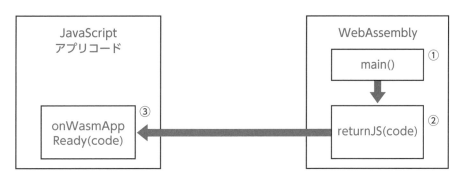

図4-18　実装する処理の流れ

①WebAssemblyのインスタンス化時に変換元コードのmain()関数が自動で呼ばれます。main()関数は、処理結果コードを引数としてreturnJS()を呼び出します。

②returnJS()は、処理結果コードを引数にしてJavaScript側のonWasmAppReady()関数を呼び出します。

③onWasmAppReadyはWebAssemblyから処理結果コードを受け取り、コンソールログへ出力します。

なお、returnJS()の実装はC/C++の変換元コード内に記述しますが、変換時に関数が

JavaScript側のグルーコードに追加され、WebAssembly側へインポートされています。

sample09（EM_JSマクロ使用、引数：整数、戻り値：なし）

EM_JSマクロを使い、JavaScript関数returnJS()を定義します。変換元のC言語コードの中に記述します。

1）変換元コードsample09.cの解説

リスト4-39　sample09.c

```
#include <stdio.h>  ①
#include <emscripten/emscripten.h>  ②

// 呼び出すJavaScriptの関数を定義
EM_JS(  ③
    void,          //戻り値の型
    returnJS,      //関数名
    (int code),    //引数
    {
        onWasmAppReady(code);  ④
    });

// エントリーポイント
int main(int argc, char **argv)
{
    printf("WASM: main() start¥n");
    int returnCode = 15;

    // EM_JSマクロで定義したJavaScript関数を呼び出す
    printf("WASM: code=%d¥n",returnCode);

    returnJS(returnCode);  ⑤

    return 0;
}
```

① printf()の利用に必要なヘッダーファイルをインクルードしています。

② EM_JSマクロの利用に必要なヘッダーファイルをインクルードしています。

③ EM_JSマクロでreturnJS()関数を定義します。

④ EM_JSマクロで、returnJS()関数の処理内容を記述します。

⑤ EM_JSマクロで定義したreturnJS()の引数に結果コードを渡して呼び出します。

2）emccコマンド09.batの解説

リスト4-40　09.bat

```
emcc sample09.c ^  ①
-o sample09.js ^  ②
-s ENVIRONMENT=web ^  ③
-s NO_FILESYSTEM=1  ④
```

①変換元のコードとして、sample09.cを指定します。

②出力先のファイルとして、sample09.jsを指定します。ファイル拡張子がjsなので、wasm+グルーコードを出力します。

③動作環境としてwebを指定し、Web環境に必要なグルーコードのみ生成します。それ以外のNode.js・Shell・WebWorker用の不要なグルーコードは生成しないようにします。

④ファイル処理は行わないので、グルーコードで不要なコードが生成しないように、ファイルシステム不要を指定します。

3) HTMLコードsample09.htmlの解説

リスト4-41　sample09.html

```
<!DOCTYPE html>
<html>
（省略）
<body>
  <h1>sample09</h1>
  <script>
   var Module = { "onRuntimeInitialized": onInstanceReady };  ①

   //WebAssemblyのインスタンス化完了時の呼び出し関数
   function onInstanceReady() {  ②
     console.log("JS: WASM instance ready!");
   }

   //WebAssemblyのアプリ初期化完了時の呼び出し関数
   function onWasmAppReady(code){  ③
     console.log("JS: WASM app ready! code=",code);
   }
  </script>
  <script src="sample09.js"></script>  ④
</body>
</html>
```

①WebAssemblyのインスタンス化が完了したとき、onInstanceReady ()関数を呼び出します。

②インスタンス化完了時に呼び出されるonInstanceReady ()関数を定義します。

③WebAssemblyから呼び出される関数です。

④Emscriptenが自動生成したグルーコードを読み込みます。

4)sample09の実行

・「4.2.2　動作確認の準備（1）」で開いておいたコマンドプロンプトで、以下のコマンドを実行します。

```
09.bat
```

- sample08が表示しているページで、ブラウザーの戻るボタンを使ってapp03ディレクトリのファイル一覧のページへ戻ります。
- app03ディレクトリのファイル一覧のページでample09.htmlのリンクをクリックします。
- 動作の状況は、Chromeデベロッパーツールのコンソールの出力されるログで確認します。F12キー押下でデベロッパーツールを開き、上部のメニューから「Console」を選択します。次に、ブラウザーのページのリロードを行います。
- Chromeデベロッパーツールのコンソールにログが表示されます（図4-19）。

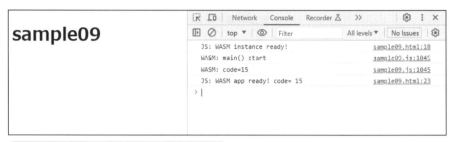

図4-19　Chromeデベロッパーツールのコンソール出力

5）コンソールログの確認

リスト4-42　コンソールログ

```
JS: WASM instance ready!  ①
WASM: main() start  ②
WASM: code=15  ③
JS: WASM app ready! code= 15  ④
```

①JavaScript側が、WebAssemblyのインスタンス化完了を検出します。
②WebAssembly側のmain()関数が、自動で呼び出されます。
③WebAssembly側で、処理結果コードの値が15に設定されます。
④JavaScript側のonWasmAppReady()が、WebAssembly側から呼び出され、処理結果コードを受け取ります。

sample10（EM_ASMマクロ使用、引数：整数、戻り値：なし）

EM_ASMマクロを使い、JavaScript側のonWasmAppReady()関数を呼び出すコードを実装します。JavaScript側の関数の直接呼びだしが可能なので、sample09のように呼び出すためのreturnJS()関数定義は不要です。変換元のC言語コードの中に記述します。

1）変換元コードsample10.cの解説

リスト4-43　sample10.c

```
#include <stdio.h>  ①
#include <emscripten/emscripten.h>  ②
```

```
// エントリーポイント
int main(int argc, char **argv)
{
    printf("WASM: main() start¥n");

    // JavaScript側へ渡す値
    int returnCode = 15;
    printf("WASM: code=%d¥n", returnCode);

    // JavaScript側の関数を呼び出す $0=returnCode
    EM_ASM({
        onWasmAppReady($0);   ③
    },
        returnCode);   ④

    return 0;
}
```

① printf()の利用に必要なヘッダーファイルをインクルードしています。
② EM_ASMマクロの利用に必要なヘッダーファイルをインクルードしています。
③ EM_ASMマクロで、JavaScript側で実行したいコードをインラインで記述します。直接onWasmAppReady()関数を呼び出せるので、returnJS()関数は不要です。
④ EM_ASMマクロの引数は、第2引数以降の値を$0,$1,$2のように参照できます。ここでは$0にreturnCodeの値が代入されます。

2) emccコマンド10.batの解説

リスト4-44　10.bat

```
emcc sample10.c ^   ①
-o sample10.js ^   ②
-s ENVIRONMENT=web ^   ③
-s NO_FILESYSTEM=1   ④
```

① 変換元のコードとして、sample10.cを指定します。
② 出力先のファイルとして、sample10.jsを指定します。ファイル拡張子がjsなので、wasm+グルーコードを出力します。
③ 動作環境としてwebを指定し、Web環境に必要なグルーコードのみ生成します。それ以外のNode.js・Shell・WebWorker用の不要なグルーコードは生成しないようにします。
④ ファイル処理は行わないので、グルーコードで不要なコードが生成しないように、ファイルシステム不要を指定します。

3) HTMLコード sample10.html の解説

リスト4-45　sample10.html

```
<!DOCTYPE html>
<html>
（省略）
<body>
  <h1>sample10</h1>
  <script>
    var Module = { "onRuntimeInitialized": onInstanceReady };  ①

    //WebAssemblyのインスタンス化完了時の呼び出し関数
    function onInstanceReady() {  ②
      console.log("JS: WASM instance ready!");
    }

    //WebAssemblyのアプリ初期化完了時の呼び出し関数
    function onWasmAppReady(code){  ③
      console.log("JS: WASM app ready! code=",code);
    }
  </script>
  <script src="sample10.js"></script>  ④
</body>
</html>
```

① WebAssembly のインスタンス化が完了したとき、onInstanceReady () 関数を
呼び出します。

② インスタンス化完了時に呼び出される onInstanceReady () 関数を定義します。

③ WebAssembly から呼び出される関数です。

④ Emscripten が自動生成したグルーコードを読み込みます。

4) sample10の実行

- 「4.2.2　動作確認の準備 (1)」で開いておいたコマンドプロンプトで、以下のコマンドを
実行します。

```
10.bat
```

- sample09が表示しているページで、ブラウザーの戻るボタンを使ってapp04ディレク
トリのファイル一覧のページへ戻ります。
- app04ディレクトリのファイル一覧のページでample10.htmlのリンクをクリックします。
- 動作の状況は、Chromeデベロッパーツールのコンソールの出力されるログで確認しま
す。F12キー押下でデベロッパーツールを開き、上部のメニューから「Console」を選択
します。次に、ブラウザーのページのリロードを行います。
- Chromeデベロッパーツールのコンソールにログが表示されます（図4-20）。

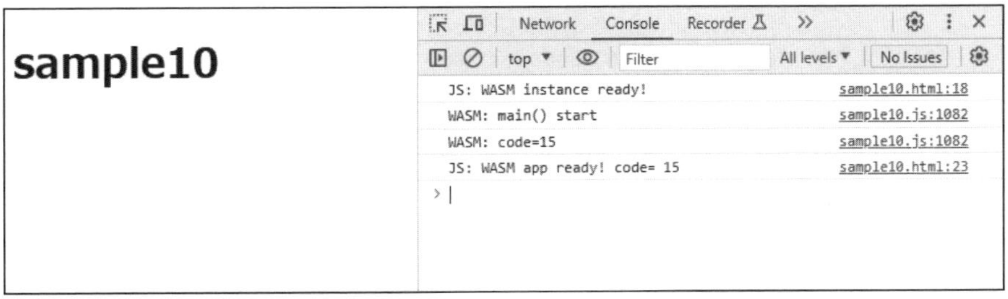

図4-20　Chromeデベロッパーツールのコンソール出力

5) コンソールログの確認

リスト4-46　コンソールログ

```
JS: WASM instance ready!  ①
WASM: main() start  ②
WASM: code=15  ③
JS: WASM app ready! code= 15  ④
```

① JavaScript側が、WebAssemblyのインスタンス化完了を検出します。
② WebAssembly側のmain()関数が、自動で呼びだされます。
③ WebAssembly側で、処理結果コードの値が15に設定されます。
④ JavaScript側のonWasmAppReady()が、WebAssembly側から呼び出され、
処理結果コードを受け取ります。

sample11（JSライブラリファイル使用、引数：整数、戻り値：なし）

　JavaScript側を呼び出すコードを別ファイルで定義し、変換元コードから外部ファイルに定義された関数として呼び出します。EM_JSやEM_ASMマクロのように、C/C++のソースコードにJavaScriptのコードが混在しないメリットがあります。

1) 変換元コードsample11.cの解説

リスト4-47　sample11.c

```c
#include <stdio.h>  ①

// 外部ファイルに定義された関数
extern void returnJS(int);  ②

//エントリーポイント
int main(int argc, char **argv)
{
    printf("WASM: main() start\n");

    // JavaScript側へ渡す値
    int returnCode = 15;
    printf("WASM: code=%d\n", returnCode);
```

```
    // JavaScriptライブラリファイルの関数を呼び出す
    returnJS(returnCode);   ③

    return 0;
}
```

① printf()の利用に必要なヘッダーファイルをインクルードしています。
② exturnで、returnJS()関数が外部ファイルに定義されていることを宣言。
③ 引数にコードを代入して、returnJS()関数の呼び出し。

2） JavaScriptライブラリファイルsample11_lib.jsの解説

リスト4-48　sample11_lib.js

```
// ライブラリに登録するJavaScript関数の定義
function returnJS(code) {
  console.log("Lib: returnJS()");
  onWasmAppReady(code);
}

// ライブラリに関数を登録
mergeInto(
  LibraryManager.library,
  { returnJS }
  );
```

　このライブラリファイルを、emccコマンドのオプション「--js-library」でファイル名として指定すると変換元コードから呼び出し可能になります。

3） emccコマンド11.batの解説

リスト4-49　11.bat

```
emcc sample11.c ^  ①
-o sample11.js ^  ②
-s ENVIRONMENT=web ^  ③
-s NO_FILESYSTEM=1 ^  ④
--js-library=sample11_lib.js  ⑤
```

① 変換元のコードとして、sample11.cを指定します。
② 出力先のファイルとして、sample11.jsを指定します。ファイル拡張子がjsなので、wasm+グルーコードを出力します。
③ 動作環境としてwebを指定し、Web環境に必要なグルーコードのみ生成します。それ以外のNode.js・Shell・WebWorker用の不要なグルーコードは生成しないようにします。
④ ファイル処理は行わないので、グルーコードで不要なコードが生成しないように、ファイルシステム不要を指定します。
⑤ JavaScriptライブラリファイルを指定します。

4) HTMLコードsample11.htmlの解説

リスト4-50　sample11.html

```html
<!DOCTYPE html>
<html>
(省略)
<body>
  <h1>sample11</h1>
  <script>
    var Module = { "onRuntimeInitialized": onInstanceReady };  ①

    //WebAssemblyのインスタンス化完了時の呼び出し関数
    function onInstanceReady() {  ②
      console.log("JS: WASM instance ready!");
    }

    //WebAssemblyのアプリ初期化完了時の呼び出し関数
    function onWasmAppReady(code){  ③
      console.log("JS: WASM app ready! code=",code);
    }
  </script>
  <script src="sample11.js"></script>  ④
</body>
</html>
```

①WebAssemblyのインスタンス化が完了したとき、onInstanceReady ()関数を呼び出します。

②インスタンス化完了時に呼び出されるonInstanceReady ()関数を定義します。

③WebAssemblyから呼び出される関数です。

④Emscriptenが自動生成したグルーコードを読み込みます。

5) sample11の実行

・「4.2.2　動作確認の準備 (1)」で開いておいたコマンドプロンプトで、以下のコマンドを実行します。

```
11.bat
```

・sample10が表示しているページで、ブラウザーの戻るボタンを使ってapp03ディレクトリのファイル一覧のページへ戻ります。

・app03ディレクトリのファイル一覧のページでample11.htmlのリンクをクリックします。

・動作の状況は、Chromeデベロッパーツールのコンソールの出力されるログで確認します。F12キー押下でデベロッパーツールを開き、上部のメニューから「Console」を選択します。次に、ブラウザーのページのリロードを行います。

・Chromeデベロッパーツールのコンソールにログが表示されます（図4-21）。

図4-21　Chromeデベロッパーツールのコンソール出力

6）コンソールログの確認

リスト4-51　コンソールログ

```
JS: WASM instance ready!  ①
WASM: main() start  ②
WASM: code=15  ③
Lib: returnJS()  ④
JS: WASM app ready! code= 15  ⑤
```

① JavaScript側が、WebAssemblyのインスタンス化完了を検出します。

② WebAssembly側のmain()関数が、自動で呼び出されます。

③ WebAssembly側で、処理結果コードの値が15に設定されます。

④ JavaScriptライブラリファイルに定義したreturnJS()関数が呼ばれています。

⑤ JavaScript側のonWasmAppReady()が、WebAssembly側から呼び出され、処理結果コードを受け取ります。

次のステップ

ここまでが、「第4章　JavaScriptとWebAssemblyの連携」になります。

JavaScriptとWebAssembly間の連携について、さまざまなパターンの実装方法を確認しました。しかし、これまでのJavaScriptでのWeb開発に比べると、実装が随分面倒で「何のために？」と感じた人も多いと思います。この疑問は、次章以降で少しずつ解けて、「これほど高速化が出来れば、面倒でも価値がある」と考えが変わるはずです。

次の章は、並行処理によるWebAssemblyのさらなる高速化について解説します。

第5章

並行処理による高速化

　第5章はWebAssemblyのさらなる高速化を実現する、並行処理の実装について解説します。具体的には、WebAssemblyの拡張機能として追加された「SIMD（Single Instruction Multiple Data）」[*1]によるベクトル演算[*2]と、「Threads」によるマルチコア（マルチスレッド）処理を説明します。SIMDとThreadsをWebAssemblyと組み合わせると、JavaScriptのみの場合と比べて最大数十倍という驚異的な速度向上が期待できます。

5.1 WebAssembly並行処理の概要

5.1.1 並行処理の必要性

　そもそも、ネイティブアプリ並みの処理速度を目標として開発が始まったWebAssemblyですが、機械学習や3Dグラフィックスなどのような極めて大量の計算を行う分野では、ネイティブアプリの処理速度に到底及ばないケースが生じていました。

　たとえば、カメラの映像に対して動体検出をする機械学習アプリにおいて、ネイティブアプリではスムーズに検出できるが、WebAssemblyでは処理が追いつかずコマ落ちすることがあります。また、ネイティブアプリでは滑らかに動作する3DゲームがWebAssemblyでは動きが遅くて使い物にならないことがあります。これは、ネイティブアプリの開発では、SIMDを使ったベクトル演算や、共有メモリ使ったマルチスレッド処理が可能であるのに対し、WebAssemblyにはそれらのサポートがなかったからです。

　そこで、WebAssemblyの拡張機能（Proposal[*3]）としてSIMDとThreadsが提案され、標準化とブラウザーへの実装が進んでいます。

5.1.2 並行処理機能のサポート状況

　執筆時点で、Fixed-width SIMDは標準化が完了し（図5-1）、Threadsは標準化が

---

*1　SIMDの概要は「1.4.3　SIMDの利用」を参照。

*2　複数のデータに対して1つの命令で同じ演算を行う処理。

*3　Proposalの詳細は「1.7.4　コア仕様の拡張」を参照。

Proposalのフェーズ3である実装段階（図5-2）まで進んでいます。両者とも実装段階に入っており、既に主要ブラウザーで利用可能になっています（図5-3）。最新状況は、各ページにアクセスして確認してください。

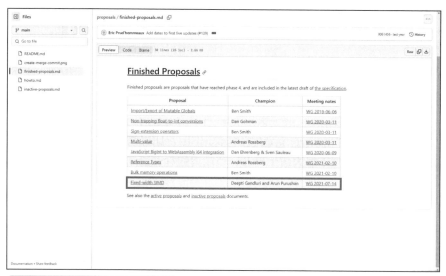

図5-1　Fixed-width SIMDの標準化は完了

URL https://github.com/WebAssembly/proposals/blob/main/finished-proposals.md#finished-proposals

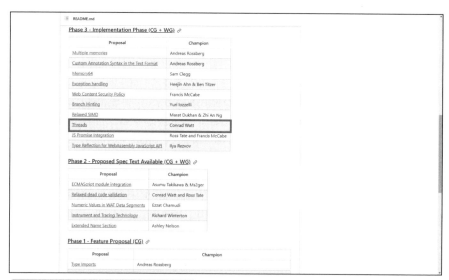

図5-2　Threadsの標準化は実装段階のフェーズ

URL https://github.com/WebAssembly/proposals#phase-3---implementation-phase-cg--wg

	Your browser	Chrome	Firefox	Safari	Wasmtime	Wasmer	Node.js	Deno	wasm2c
Standardized features									
JS BigInt to Wasm i64 integration	✓	85	78	14.1[a]	N/A	N/A	15.0	1.1.2	N/A
Bulk memory operations	✓	75	79	15	0.20	1.0	12.5	0.4	1.0.30
Extended constant expressions	✓	114	112	✗	✗	✗	🏴[b]	🏴	🏴[c]
Multi-value	✓	85	78	✓	0.17	1.0	15.0	1.3.2	1.0.24
Mutable globals	✓	74	61	✓	✓	0.7	12.0	0.1	1.0.1
Reference types	✓	96	79	15	0.20	2.0	17.2	1.16	1.0.31
Non-trapping float-to-int conversions	✓	75	64	15	✓	✓	12.5	0.4	1.0.24
Sign-extension operations	✓	74	62	14.1[a]	✓	✓	12.0	0.1	1.0.24
Fixed-width SIMD	✓	91	89	16.4	0.33	2.0	16.4	1.9	1.0.33
Tail calls	✓	112	🏴[b]	✗	🏴[b]	✗	🏴[b]	🏴[b]	✗
In-progress proposals									
Exception handling	✓	95	100	15.2	✗	✗	17.0	1.16	🏴[c]
Garbage collection	✗	🏴[a]	🏴[d]	✗	✗	✗	✗	✗	✗
JS Promise Integration	?	🏴[b]	✗	✗	N/A	N/A	🏴[b]	🏴[b]	N/A
Memory64	✗	🏴[c]	🏴[d]	✗	✗	✗	🏴[c]	🏴[c]	🏴[e]
Multiple memories	?	🏴[c]	🏴[d]	✗	✗	✗	✗	✗	🏴[e]
Relaxed SIMD	✓	114	🏴[d]	✗	🏴[c]	✗	🏴[c]	✗	✗
Threads and atomics	✓	74	79	14.1[a]	🏴[c]	✗	16.4	1.9	✗
Type reflection	?	🏴[c]	🏴[d]	✗	✗	2.0	🏴[c]	🏴[c]	✗

a. Requires flag chrome://flags/#enable-webassembly-garbage-collection
b. Requires flag chrome://flags/#enable-experimental-webassembly-stack-switching
c. Requires flag chrome://flags/#enable-experimental-webassembly-features
d. Can be enabled by setting the preference javascript.options.wasm_js in about:config
e. Enabled in Nightly, unavailable in BetaRelease

図5-3　Fixed-width SIMDとthreadは主要ブラウザーでサポート済み

URL https://webassembly.org/roadmap/

5.1.3　並行処理による劇的な速度向上

　SIMDとThreadsを使うと、どの程度速度が向上するのでしょうか？ Googleから WebAssemblyによる並行処理のベンチマークが公開されているので、紹介します。測定対象 は、機械学習ライブラリ「TensorFlow.js」を使って、カメラの映像から目、鼻、耳、口をリ アルタイムに検出するアプリ「BlazeFace」です（図5-4）。

図5-4　BlazeFaceアプリの紹介

URL https://javascript.plainenglish.io/face-detection-in-the-browser-using-tensorflow-js-facb2304ed91

ベンチマークの結果は以下の通りです（図5-5）。並行処理による劇的な速度向上が確認できます。

ベンチマーク

SIMDとマルチスレッド処理により、Wasmバックエンドのパフォーマンスが大幅に向上します。下のGoogle Chromeでのベンチマークは、BlazeFaceモデルでの改善を示すものです。BlazeFaceは、10万個のパラメータがあり、約2000万回の積和演算を行う軽量モデルです。

（記載されている時間は、1回の推論あたりのミリ秒です）

Device	Plain JS	WebGL	Wasm	Wasm + SIMD	Wasm + SIMD + threads
Pixel 4	368	28	28	15.9	N/A*
ThinkPad X1 Gen 6 with Linux	301.0	25.0	15.5	7.3	4.1
Macbook Pro 15 2019	209.1	22.7	13.3	7.9	4.0
Node v.14 on Macbook Pro 15 2019	201.2	N/A	25.5	15.2	N/A**

それよりも大きなモデルでは、さらにスピードが向上します。350万個のパラメータがあり、約3億回の積和演算を行う中規模モデルであるMobileNet V2などがこれに相当します。

Device	Plain JS	WebGL	Wasm	Wasm + SIMD	Wasm + SIMD + threads
Pixel 4	1628	76.7	182	82	N/A*
ThinkPad X1 Gen 6 with Linux	1469.4	44.8	122.7	34.6	12.4
Macbook Pro 15 2019	893.5	19.6	98.4	30.2	10.3
Node v.14 on Macbook Pro 15 2019	1404.3	N/A	290.0	64.2	N/A**

図5-5　SIMDおよびマルチスレッドによる高速化の効果

URL https://developers-jp.googleblog.com/2020/09/simd-tensorflowjs-webassembly.html

図5-5で公開されたベンチマークの結果を比較しやすくするため、JavaScriptのみ利用した場合の測定値を1として、並行処理による速度向上の倍率をまとめました（表5-1）。たとえばLinux環境のWASMでSIMDとマルチスレッドを組み合わせた場合、JavaScriptのみで動作させた場合と比べ73.4倍の速度向上が実現しています。このデータは、2020年のやや古いものですが、第7章の機械学習のサンプルアプリでも同じレベルの速度向上結果が出ています。

表5-1　JavaScriptのみ利用を基準とした速度向上の倍率

	JSのみ	JS+WASM	JS+WASM + SIMD	JS+WASM + SIMD+threads
Linux	1.0	19.4	41.2	73.4
Macbook	1.0	15.7	26.5	52.3

5.1.4　並行処理の適用分野

ここまでのWebAssemblyの並行処理の説明を読んで、「最新のブラウザーがサポート済みで、爆速化するのであれば、すぐに利用したい」と、考えた人もいると思います。

しかし、並行処理により高速化が期待できるのは、極めて大量の繰り返し演算が必要な処理に限定されます。たとえば、今回ベンチマークに利用した顔検出のアプリは10万個のパラメータがあり、約2000万回の積和演算が必要だそうです。

したがって、機械学習、3Dグラフィックス、物理運動のシミュレーションなどの分野で、膨

大な繰り返し演算が必要であり、JavaScriptのみでは演算速度が遅くて困っている場合に、並行処理の効果が期待できます。

5.2 並行処理のしくみ

　ここまでの説明で、ベクトル演算やマルチコア処理など、聞き慣れない用語が出てきて、混乱している人がいるかもしれません。そこで、並行処理の実装に入る前に、基本的なしくみを整理します。

5.2.1　ベクトル演算（SIMD）

　CPUの命令レベルで行われる並行処理です。1つのCPUコア内で、複数のデータに対してベクトル演算命令で同時に処理します（図5-6）。

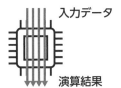

入力データ

演算結果

図5-6　ベクトル演算で複数のデータを同時に処理

　たとえば、配列データから4個の整数を入力データにセットして定数3を加算するベクトル演算命令を行うと、以下のようになります（図5-7）。1つのベクトル演算命令が複数のデータを同時に処理するので、繰り返し演算において処理速度が向上します。

　この例では4個のデータを同時処理するので、理論上は4倍程度の高速化が期待できます。

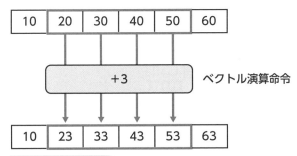

| 10 | 20 | 30 | 40 | 50 | 60 |

+3　ベクトル演算命令

| 10 | 23 | 33 | 43 | 53 | 63 |

図5-7　ベクトル演算の例

　例に挙げたベクトル演算命令は加算ですが、それ以外にもWebAssemblyでは算術演算・論理演算・ビット演算など多数のベクトル演算命令が準備されています（図5-8）。なお、WebAssemblyのSIMDで同時に処理できるデータは128ビット幅で、v128という型名が与えられています。したがって、8ビットデータの場合であれは、同時に16個（＝128÷8）の

演算が可能です。

図5-8　WebAssembly　SIMD命令一覧

URL https://github.com/WebAssembly/simd/blob/main/proposals/simd/NewOpcodes.md

5.2.2　マルチコア処理（Threads）

　マルチコア処理は、スレッドのレベルで行われる並行処理です。スレッドは1つの独立した
プログラムとして動作します。並行処理を行うには、複数のスレッドを生成し、複数のCPUコ
アで、スレッドの実行を同時に行います（図5-9）[*4]。

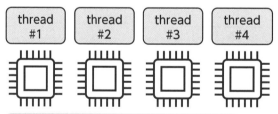

図5-9　CPUコアごとにスレッドを割り当てマルチコア処理

　スレッドごとに異なる処理をすることが可能ですが、繰り返し処理を高速化する場合は、同
じ処理を行うスレッドを複数生成し、各スレッドに対象となるデータを割り振り、複数のCPU
コアで同時実行します（図5-10）。

---

*4　同じCPUコアで複数のスレッドが実行されることもあり、その場合は高速化が期待できない。

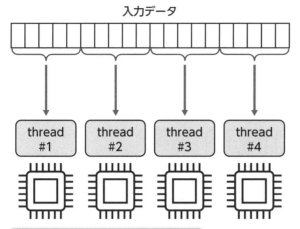

入力データ

図5-10　各スレッドにデータを割り振り同時処理

注意 **データ読み書きの競合**

　マルチスレッド処理では、スレッド間で、メモリ空間を共有することがあります（図5-11）。この場合、異なるスレッドで、メモリの読み書きの競合や、処理を行う順番を待ち続けるデッドロックが起きることがあります。

　複数スレッドで共有メモリを利用する際には、これらの競合を回避する必要があります。EmscriptenではC/C++のAtomics APIによってロックを利用することでデッドロックを回避できます。

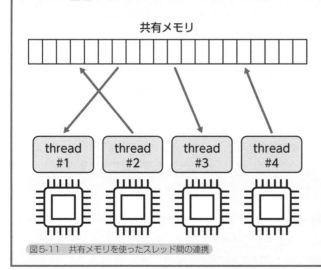

共有メモリ

図5-11　共有メモリを使ったスレッド間の連携

5.2.3 ベクトル演算＋マルチコア処理

　ベクトル演算とマルチコア処理は組み合わせて同時に利用可能です（図5-12）。マルチコア処理を行う各スレッド内のプログラムでベクトル演算を行います。その結果、各スレッドの処理が高速化します。ベクトル演算とマルチコア処理の効果は独立しているので、高速化の相乗効果が期待できます。

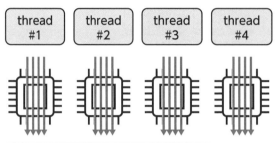

図5-12　ベクトル演算とマルチコア処理の組み合わせ

5.3 Emscripten による並行処理の実装

5.3.1 ベクトル演算

　Emscriptenによるベクトル演算の実装方法には、大きく分けて次の2種類あります。

- ・emccコマンドでベクトル演算命令を自動生成
- ・手作業でベクトル演算命令を記述

自動生成は簡単に利用できますが、手作業は高度な知識と経験が必要です。

1）自動生成の方法
　emccコマンドで自動生成する場合は、emccコマンドのオプション「-O3 」「-msimd128」を追加するだけで、コンパイラーがソースコードを解析して、必要なベクトル演算命令を含むWebAssembly実行ファイルを生成してくれます。本章のサンプルアプリで体験します。

2）手作業で記述する方法
　手作業でベクトル演算命令を記述する場合は、インテルのベクトル演算命令（SSE1、SSE2、SSE3、SSSE3、SSE4.1、SSE4.2、128-bit AVX）を記述したC/C++のソースコードをEmscriptenでWebAssembly実行ファイルに変換します。詳細はEmscriptenの公式ガイド（図5-13）を参照してください。利用できるインテルのベクトル演算命令の一覧のページは図5-14を参照してください。

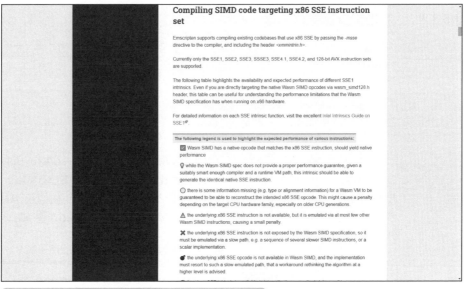

図5-13　インテルのベクトル演算命令からWebAssemblyへの変換

URL https://emscripten.org/docs/porting/simd.html#compiling-simd-code-targeting-x86-sse-instruction-set

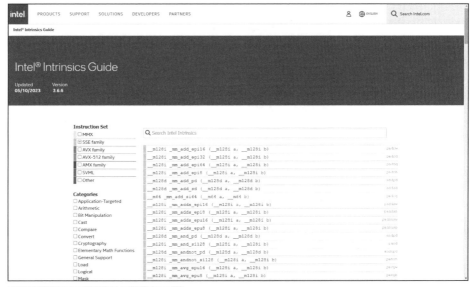

図5-14　インテルのベクトル演算命令の一覧

URL https://www.intel.com/content/www/us/en/docs/intrinsics-guide/index.html#ssetechs=SSE2

マルチコア処理

Emscriptenによるマルチコア処理（マルチスレッド）の実装方法には、大きく分けて次の2種類があります。

・ Wasm Workers APIを使って記述
・ POSIX準拠のPthreadを使って記述

Wasm Workers APIはWebブラウザの Web WorkerとSharedArrayBufferをベースにしています。一方、PtheadはUNIX・LINUX環境でよく利用されているマルチスレッド API をベースにしています。Wasm Workers APIとPthreadの比較と選択ガイドはEmscriptenの公式ページにあります（図5-15）。サンプルアプリでは、Pthreadを使ったマルチスレッドの基本コードを紹介します。

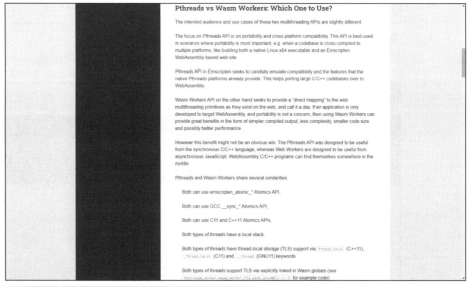

図5-15　Wasm Workers APIとPthreadの比較と選択ガイド

URL https://emscripten.org/docs/api_reference/wasm_workers.html?%20#pthreads-vs-wasm-workers-which-one-to-use

1）Wasm Workers APIの利用方法

Wasm Workers APIの利用方法は、公式ページを参照してください（図5-16）。

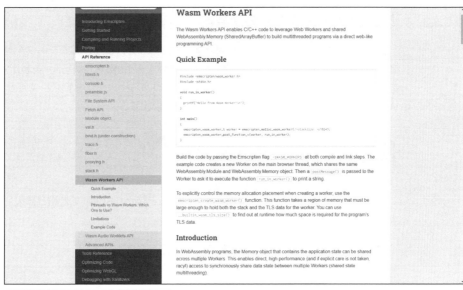

図5-16　Wasm Workers APIの利用方法

URL https://emscripten.org/docs/api_reference/wasm_workers.html?#wasm-workers-api

2）Pthreadの利用方法

　Pthreadに準拠したC/C++のソースコードを記述し、emccのコンパイルオプション「-pthread」を追加して変換します。そのほかのPthreadについての情報は、公式ページを参照してください（図5-17）。

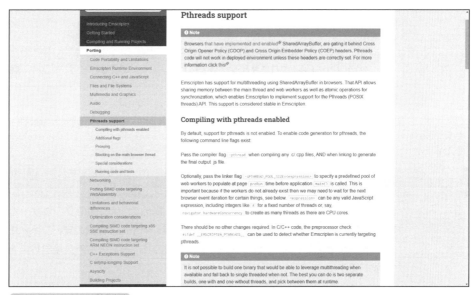

図5-17　Pthreadの利用方法

URL https://emscripten.org/docs/porting/pthreads.html#pthreads-support

5.3.3 SharedArrayBuffer の注意点

　Emscriptenでマルチスレッドを実装すると、異なるスレッド間でデータを共有するための SharedArrayBuffer機能が自動で有効になります。SharedArrayBufferを利用するためには、最近のWebブラウザーではセキュリティの観点から、以下のHTTPレスポンスヘッダーをWebサーバーから受信することが必須になっています。

```
Cross-Origin-Embedder-Policy: require-corp
Cross-Origin-Opener-Policy: same-origin
```

　つまり、これらのヘッダーを受信しないとSharedArrayBufferの制限が原因でスレッドの利用ができません（図5-18）。

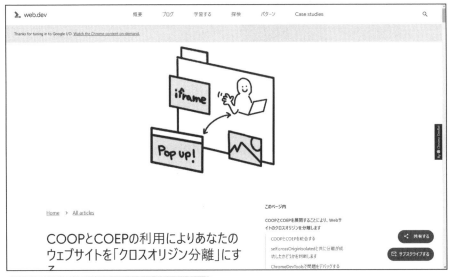

図5-18　SharedArrayBuffer利用時の必須ヘッダー

URL https://web.dev/i18n/ja/coop-coep/#coop%E3%81%A8coep%E3%82%92%E7%B5%B1%E5%90%88%E3%81%99%E3%82%8B

5.3.4 WebAssembly 拡張機能の検出

　SIMDやThreadsなどのWebAssembly拡張機能は、少し前のブラウザーではサポートされていないことがあります。並行処理の実装では、以下の4種類の実行ファイルを事前に作成しておき、利用するWebブラウザーの機能拡張のサポートの有無を検出して切り替えることが一般的です。

・JavaScriptのみ
・WASMのみ

- WASM+SIMD
- WASM+SIMD + Threads

これらの場合分けに対応する実行ファイル作り方とWebブラウザーの機能検出についての詳細情報が公開されています（図5-19）。

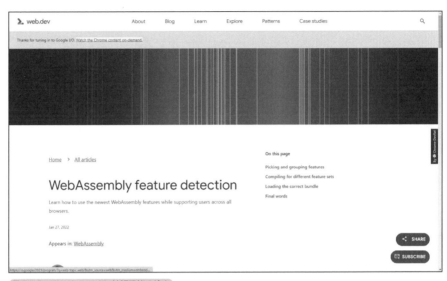

図5-19　WebAssembly拡張機能の検出

URL https://web.dev/webassembly-feature-detection/

5.4 サンプルアプリによる動作確認

サンプルアプリ（表5-2）ではSIMDとThreadsの実装例を説明します。sample01〜sample03は同じ機能を持つアプリを、SIMDとWASMの有無でベンチマークを行います。sample04〜sample05はPthreadを使ったマルチスレッドの基本説明を行います。

表5-2　サンプルアプリのファイル名と処理内容

ファイル名	コードの内容
sample01	JavaScript+WASM+SIMDのサンプルアプリ
sample02	JavaScript +WASMのサンプルアプリ
sample03	JavaScriptのみのサンプルアプリ
sample04	スレッドを使わない関数呼び出し
sample05	マルチスレッドを使った関数呼び出し

5.4.1 サンプルアプリ（app04）のダウンロード

本書の初めの「本書を読む前に」に記載のサポートサイトから、app04の完成版をダウンロードできます。

・app04_YYYYMMDD.7z」（YYYYMMDDは更新日）

ダウンロードしたファイルは7zip ツールで展開し、フォルダー名は「app04_YYYYMMDD」から「app04」に変更します。

■ 7zip ツール
URL https://7-zip.opensource.jp

```
01.bat      //emcc コマンド (sample01用)
02.bat      //emcc コマンド (sample02用)
03.bat      //emcc コマンド (sample03用)
04.bat      //emcc コマンド (sample04用)
05.bat      //emcc コマンド (sample05用)
sample01.c            //sample01 変換元コード
sample01.html         //sample01 HTML ファイル
sample01.js           //sample01 JavaScript グルーコード (自動生成)
sample01.wasm         //sample01 WebAssembly 実行ファイル (自動生成)
sample02.c            //sample02 変換元コード
sample02.html         //sample02 HTML ファイル
sample02.js           //sample02 JavaScript グルーコード (自動生成)
sample02.wasm         //sample02 WebAssembly 実行ファイル (自動生成)
sample03.html         //sample03 HTML ファイル (JSのみで実行)
sample04.c            //sample04 変換元コード
sample04.html         //sample04 HTML ファイル
sample04.js           //sample04 JavaScript グルーコード (自動生成)
sample04.wasm         //sample04 WebAssembly 実行ファイル (自動生成)
sample05.c            //sample05 変換元コード
sample05.html         //sample05 HTML ファイル
sample05.js           //sample05 JavaScript グルーコード (自動生成)
sample05.wasm         //sample05 WebAssembly 実行ファイル (自動生成)
sample05.worker.js    //sample05 WebWorker用ファイル (自動生成)
style.css             //スタイルの定義 (sample01~05 共通)
webpack.config.js     //webpack構成ファイル
```

図5-20　app04展開後のファイル一覧（npm関連ファイルは省略）

5.4.2 動作確認の準備

1)「3.2.3　emcc 実行環境の準備」を参考に準備を行ってください。emcmdprompt.bat で開いたコマンドプロンプトは、カレントディレクトリをapp04フォルダーに移動し、開いたままにしておいてください。
2) 新規にコマンドプロンプトを開き、カレントディレクトリをapp04フォルダーへ移動します。

3) コマンドプロンプトから、以下のコマンドを実行します。

```
npm start
```

4) しばらくするとローカル Web サーバー（webpack-dev-server）が起動します[5]。

5) 続いて、Web ブラウザーが自動で開き、app04 ディレクトリのファイル一覧が表示されます（図 5-21）。ここで開いたファイル一覧のページは、そのままにしておいてください。

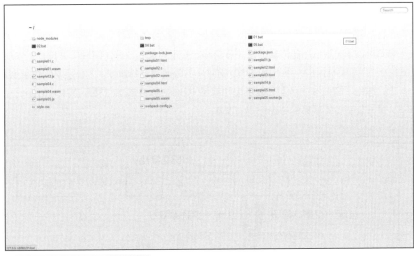

図5-21　Webブラウザーの初期表示

ローカル Web サーバーの選択

　第 5 章以降は、マルチスレッドの機能を動作させます。「5.3.3　SharedArrayBuffer の注意点」で解説したように、マルチスレッドの機能を利用するためには、Web サーバーに追加の HTTP レスポンスヘッダーを設定する必要があります。しかし、第 4 章まで利用してきたローカル Web サーバー（http-server）はレスポンスヘッダーの追加に制限があり、マルチスレッド用には使用できません。そのため、第 5 章以降は任意のレスポンスヘッダーの追加が可能なローカル Web サーバー（webpack-dev-server）を使用します。

　なお、webpack-dev-server の構成ファイルである webpack.config.js には以下の設定（リスト 5-1）を行い、マルチスレッド機能を利用できるようにします。

リスト5-1　SharedArrayBufferを動作させるためのレスポンスヘッダー追加（着色部分）

```
module.exports = {

  devServer: {
    static: "./",     //静的ファイルのディレクトリ
    open: true,       //サーバー起動時にブラウザーを開く
    headers: {
      "Cross-Origin-Opener-Policy": "same-origin",
      "Cross-Origin-Embedder-Policy": "require-corp",
    }
```

*5　webpack-dev-server については本項の「補足説明：ローカル Web サーバーの選択」を参照。

ベクトル演算（SIMD）のサンプル

sample01～sample03のサンプルアプリの機能は同じですが、実装方法が異なります。
・ Sample01：WASMでベクトル演算を使用する
・ Sample02：WASMでベクトル演算を使用しない
・ Sample03：WASMを使用せず、JavaScriptのみで計算する

　サンプルアプリの処理の概要は以下になります。このサンプルアプリは、JavaScript側で生成した要素数100万の32ビット整数配列をWebAssembly側が受け取り、すべての配列要素に対し3を足した値に書き替える時間を測定します。測定時間にはバラツキがあるので、これを10回繰り返し、平均値をベンチマークの結果とします。3を足す処理を10回繰り返すので処理完了時には、各配列要素の初期値＋30になります（図5-22）。JavaScript側は、ポインターを使って計算結果を取得します。

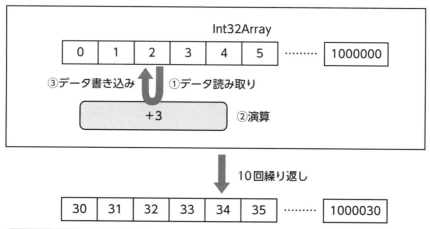

図5-22　サンプルアプリの処理概要

sample01（ベクトル演算あり）

　WebAssemblyのSIMDで同時に処理できるデータは128ビット幅なので、4バイト（＝32ビット）の整数を同時に4個処理できます（128÷32=4）。sample01では、ベクトル演算命令を組み込むことで100万回の繰り返し演算が、100万÷4＝25万回に減少するので高速化が期待できます。

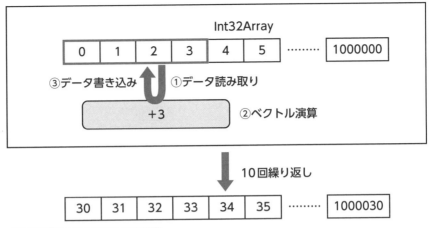

Int32Array

③データ書き込み ①データ読み取り

+3 ②ベクトル演算

10回繰り返し

図5-23 sample01アプリの処理概要

1) 変換元コードsample01.cの解説

リスト5-2 sample01.c

```c
#include <emscripten/emscripten.h>  ①

EMSCRIPTEN_KEEPALIVE  ②
void editArray(int *arr, int len)  ③
{
    for (int i = 0; i < len; i++)
    {
        arr[i] += 3;
    }
}
```

① アノテーションEMSCRIPTEN_KEEPALIVEの利用に必要なヘッダーファイルを インクルードしています。

② このアノテーションで、JavaScript側へエクスポート可能にします。

③ 引数が整数型のポインター（整数配列の参照先）と整数型（配列の要素数）、戻り 値がなしのeditArray()関数を定義しています。この関数は、引数に与えられた配 列の全ての要素の値を＋3に書き換えます。

2) emccコマンド01.batの解説

リスト5-3 01.bat

```
emcc sample01.c ^  ①
-o sample01.js ^  ②
-s EXPORTED_RUNTIME_METHODS=cwrap ^  ③
-s ENVIRONMENT=web ^  ④
-s NO_FILESYSTEM=1 ^  ⑤
--no-entry  ⑥
-s EXPORTED_FUNCTIONS=_malloc,_free ^  ⑦
```

```
-O3 ^ ⑧
-msimd128  ⑨
```

① 変換元のコードとして、sample01.cを指定します。

② 出力先のファイルとして、sample01.jsを指定します。ファイル拡張子がjsなので、wasm+グルーコードを出力します。

③ Emscriptenのランタイム関数であるcwrapをJavaScript側で利用可能にします。

④ 動作環境としてwebを指定し、Web環境に必要なグルーコードのみ生成します。それ以外のNode.js・Shell・WebWorker用の不要なグルーコードは生成しないようにします。

⑤ ファイル処理は行わないので、グルーコードで不要なコードが生成しないように、ファイルシステム不要を指定します。

⑥ 変換元のコードに、main()関数が存在しないので、--no-entryを記述してエラーの発生を回避します。

⑦ JavaScript側でWebAssemblyの関数に渡すメモリ領域を確保出来るように、malloc,free関数をWebAssembly側からエクスポートします。

⑧ ベクトル演算命令を自動生成してベンチマークを行うため最適化レベルを-O3にします。

⑨ ベクトル演算命令の自動生成を有効にします。

※ ベクトル演算命令の自動生成には⑧⑨両方の設定が必須です。

3) HTMLコード sample01.htmlの解説

リスト5-4　sample01.html

```html
<!DOCTYPE html>
<html>
(省略)
<body>
    <h1>sample01</h1>
    <script>
        var Module = { "onRuntimeInitialized": initApp };  ①

        function initApp() {  ②
            // WebAssemblyから関数をcwrap()でエクスポート
            const editArray = Module.cwrap(  ③
                "editArray",                //関数名  ④
                null,                       //戻り値の型  ⑤
                ["number", "number"]        //引数の型  ⑥
            );

            // 配列のサイズ指定
            const arraySize = 1000000;

            // 0～1000000の値を配列へ代入
            let input_array = new Int32Array(arraySize);
            for (let i = 0; i < arraySize; i++) {
```

```
                input_array[i] = i;
        }

        //入力データをログ出力
        console.log(input_array);

        //配列を保存するメモリ領域を確保
        let nByte = input_array.BYTES_PER_ELEMENT;
        let ptr = Module._malloc(arraySize * nByte);

        //メモリ領域に配列データのコピー
        Module.HEAP32.set(input_array, ptr / nByte);

        //処理開始準備
        let totalTime = 0;
        const repeatCount = 10;
        console.log("start......");

        // editArray関数を10回繰り返し呼び出し
        for (let i = 0; i < repeatCount; i++) {
            const startTime = performance.now();

            editArray(ptr, arraySize);    ⑦

            const endTime = performance.now();
            const processTime = (endTime - startTime);
            console.log("#" + (i + 1) + ":"
                + processTime.toFixed(2) + "msec");
            totalTime += processTime;
        }

        // 処理完了
        console.log("complete......");
        console.log("averageTime:" +
            (totalTime / repeatCount).toFixed(2) + "msec");

        //メモリ上の処理結果を配列にコピー
        let output_array = new Int32Array(
            Module.HEAP32.buffer, ptr, 100);
        console.log(output_array);

        //確保したメモリの解放
        Module._free(ptr);
    }
  </script>
  <script src="sample01.js"></script>  ⑧
</body>
</html>
```

① WebAssemblyのインスタンス化が完了したときに（onRuntimeInitialized）、initApp()関数を呼び出します。こうすることで、WebAssemblyのインスタンス化完了前にJavaScript側からアクセスするのを回避します。

② インスタンス化完了時に呼び出されるinitApp()関数を定義します。

③ cwrap()関数で、WebAssemblyの関数をJavaScript側へエクスポートします。

④ cwrap()関数の第1引数には、エクスポートする関数名を指定します。

⑤ cwrap()関数の第2引数には、戻り値の型を指定します。ここでは戻り値がないので、nullを指定します。

⑥ cwrap()関数の第3引数には、引数の型を配列で指定します。ここでは引数が2個で整数なので、["number", "number"]を指定します。1個目は配列を参照するポインター、2個目は配列要素数です。

⑦ エクスポートしたeditArray()関数に引数を代入して呼び出します。

⑧ Emscriptenが自動生成したグルーコードを読み込みます。

4）sample01の実行

・「5.4.2　動作確認の準備」がまだの場合は、行ってください。

・「5.4.2　動作確認の準備（1）」で開いておいたコマンドプロンプトから、以下のコマンドを実行します。

```
01.bat
```

・「5.4.2　動作確認の準備（5）」で開いておいたapp04ディレクトリのファイル一覧のページで、sample01.htmlのリンクをクリックします。

・動作確認は、Chromeデベロッパーツールのコンソールの出力されるログで確認します。

・F12キー押下でデベロッパーツールを開き、上部のメニューから「Console」を選択します。

・ブラウザのページのリロードを行います。

・Chromeデベロッパーツールのコンソールにログが表示されます（図5-24）。

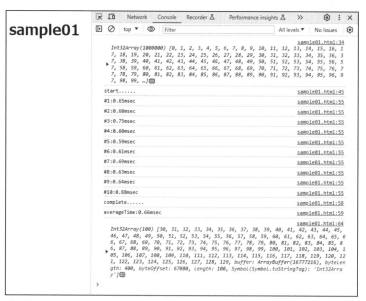

図5-24　sample01の実行結果

5) コンソールログの確認

```
リスト5-5  コンソールログ

Int32Array(1000000) [0, 1, 2, 3, 4, 5, 6, 7, 8, 9, 10, 11, 12, 13, 14, 15,
16, 17, 18,  ①
（省略）
start......
#1:0.65msec  ②
#2:0.60msec  ②
#3:0.75msec  ②
#4:0.60msec  ②
#5:0.59msec  ②
#6:0.61msec  ②
#7:0.69msec  ②
#8:0.63msec  ②
#9:0.64msec  ②
#10:0.88msec  ②
complete......
averageTime:0.66msec  ③
Int32Array(100) [30, 31, 32, 33, 34, 35, 36, 37, 38, 39, 40, 41, 42, 43,
44, 45, 46,  ④
（省略）
```

① 初期データです。

② 1回ごとの所要時間です。

③ 10回の平均所要時間です。

④ 処理結果データです。

※ 所要時間は実行環境に依存し、各回の所要時間にはバラツキがあります。

6) ベクトル演算命令の生成を確認

本当にベクトル演算命令が自動生成されて、WebAssemblyの実行ファイルに組み込まれているか、気になる人もいるかと思います。簡単な手順で確認できるので、やってみましょう。

・sample01を実行したWebブラウザーの画面で、Chromeデベロッパーツールのメニューを「sources」に切り替えます（図5-25）。

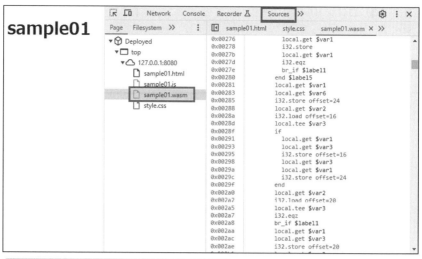

図5-25　ベクトル演算命令の組み込みを確認する（その1）

- 左ペインから「sample01.wasm」を選択します。
- sample01.wasmのバイナリコードが、デベロッパーツールによってテキスト形式に変換され、表示されます。
- wasmのコード表示部分をマウスでクリックしてフォーカスを当てた後、Ctrl＋Fキーを押下します。
- コード表示の下部に検索ボックスが表示されます。

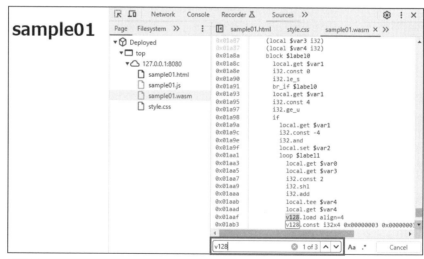

図5-26　ベクトル演算命令の組み込みを確認する（その2）

- 検索ボックスに「v128」と入力します（図5-26）。v128はWebAssemblyがSIMDのベクトル演算で利用する型です。
- 検索にヒットした部分がフォーカスされます。

・コード表示エリアのサイズを調整すると、図5-27のベクトル演算命令が確認できます。

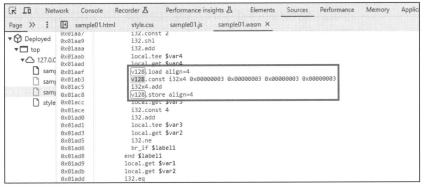

図5-27　ベクトル演算命令の組み込みを確認する（その3）

リスト5-6　ベクトル演算命令の内容

```
v128.load align=4  ①
v128.const i32x4 0x00000003 0x00000003 0x00000003 0x00000003  ②
i32x4.add  ③
v128.store align=4  ④
```

① メモリから4個の配列要素を読み込みます。
② 整数型の定数値[3,3,3,3]を読み込みます。
③ 配列要素と定数値を4個同時に加算します。
④ メモリに4個の演算結果を書き込みます。

以上で、ベクトル演算命令の自動生成が正しく行われたことが確認できました。

sample02（ベクトル演算なし）

　sample02では、SIMDのベクトル演算命令を自動生成するemccコマンドのオプション「-msimd128」を追加せずに変換した場合の処理速度を確認します。eccコマンドのオプションが異なるだけで、変換元コードやHTMLファイルの内容は同じなので解説を省略します。

1）sample02用emccコマンド（02.bat）

リスト5-7　02.bat

```
emcc sample02.c ^
-o sample02.js ^
-s EXPORTED_RUNTIME_METHODS=cwrap ^
-s ENVIRONMENT=web ^
-s NO_FILESYSTEM=1 ^
-s EXPORTED_FUNCTIONS=_malloc,_free ^
-O3
```

2) sample02の実行

- 「5.4.2 動作確認の準備」がまだの場合は、行ってください。
- 「5.4.2 動作確認の準備（1）」で開いておいたコマンドプロンプトから、以下のコマンドを実行します。

```
02.bat
```

- sample01が表示しているページで、ブラウザーの戻るボタンを使ってapp04ディレクトリのファイル一覧のページへ戻ります。
- app04ディレクトリのファイル一覧のページでsample02.htmlのリンクをクリックします。
- 動作確認は、Chromeデベロッパーツールのコンソールの出力されるログで確認します。
- F12キー押下でデベロッパーツールを開き、上部のメニューから「Console」を選択します。
- ブラウザーのページのリロードを行います。
- Chromeデベロッパーツールのコンソールにログが表示されます（図5-28）。

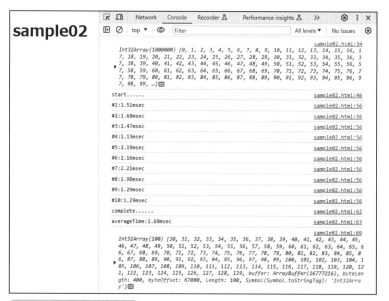

図5-28　sample02の実行結果

3) コンソールログの確認

リスト5-8　コンソールログ

```
Int32Array(1000000) [0, 1, 2, 3, 4, 5, 6, 7, 8, 9, 10, 11, 12, 13, 14, 15,
16, 17, 18,  ①
（省略）
start......
#1:1.51msec  ②
```

```
#2:1.68msec  ②
#3:1.47msec  ②
#4:1.13msec  ②
#5:2.19msec  ②
#6:2.16msec  ②
#7:2.21msec  ②
#8:1.98msec  ②
#9:1.29msec  ②
#10:1.29msec ②
complete......
averageTime:1.69msec  ③
Int32Array(100) [30, 31, 32, 33, 34, 35, 36, 37, 38, 39, 40, 41, 42, 43,
44, 45, 46,  ④
（省略）
```

① 初期データです。

② 1回ごとの所要時間です。

③ 10回の平均所要時間です。

④ 処理結果データです。

※ 所要時間は実行環境に依存し、各回の所要時間にはバラツキがあります。

4）ベクトル演算「なし」と「あり」の速度比較

これまでの測定結果をまとめると、図5-29になります。要素数100万の配列データを更新する場合はベクトル演算の効果が表れていることがわかります。

```
sample01:  0.66msec （ベクトル演算あり）
sample02:  1.69msec （ベクトル演算なし）

ベクトル演算の効果：  1.69÷0.66=2.56倍
```

図5-29　ベクトル演算の効果

sample03（JavaScriptのみ）

処理速度比較のため、JavaScriptのみでWebAssemblyを使わないsample01と同じ機能を持つアプリsample03を作りました。WebAssemblyを使わないので、変換元コード・グルーコード・emccコマンドファイルは不要です。HTMLファイルのみで実行できます。

1）HTMLコードsample03.htmlの解説

リスト5-9　sample03.html

```
<!DOCTYPE html>
<html>
（省略）
<body>
    <h1>sample03</h1>
    <script>
        function initApp() {
```

```
        // 配列のサイズ指定
        const arraySize = 1000000;

        // 0～1000000の値を配列へ代入
        const input_array = new Int32Array(arraySize);
        for (let i = 0; i < arraySize; i++) {
            input_array[i] = i;
        }

        //入力データをログ出力
        console.log(input_array);

        //処理開始準備
        let totalTime = 0;
        const repeatCount = 10;
        console.log("start......");

        // editArray関数を10回繰り返し呼び出し
        for (let i = 0; i < repeatCount; i++) {
            const startTime = performance.now();

            editArray(input_array, arraySize);

            const endTime = performance.now();
            const processTime = (endTime - startTime);
            console.log("#" + (i + 1) + ":" +
                processTime.toFixed(2) + "msec");
            totalTime += processTime;
        }

        // 処理完了
        console.log("complete......");
        console.log("averageTime:" +
            (totalTime / repeatCount).toFixed(2) + "msec");

        //処理結果をログ出力
        console.log(input_array);
    }

    // データを更新する関数
    function editArray(arr, size) {
        for (let i = 0; i < size; i++) {
            arr[i] += 3;
        }
        return arr;
    }

    initApp();
    </script>
</body>
</html>
```

※通常のJavaScriptの処理なので、行ごとの説明は省略します。

2) sample03の実行

- sample02が表示しているページで、ブラウザーの戻るボタンを使ってapp04ディレクトリのファイル一覧のページへ戻ります。
- app04ディレクトリのファイル一覧のページでsample03.htmlのリンクをクリックします。
- 動作確認は、Chromeデベロッパーツールのコンソールの出力されるログで確認します。
- F12キー押下でデベロッパーツールを開き、上部のメニューから「Console」を選択します。
- ブラウザーのページのリロードを行います。
- Chromeデベロッパーツールのコンソールにログが表示されます（図5-30）。

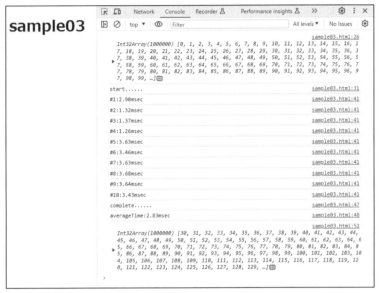

図5-30　sample03の実行結果

3) コンソールログの確認

リスト5-10　コンソールログ

```
Int32Array(1000000) [0, 1, 2, 3, 4, 5, 6, 7, 8, 9, 10, 11, 12, 13, 14, 15,
16, 17, 18, ①
(省略)
start......
#1:2.90msec ②
#2:1.32msec ②
#3:1.37msec ②
#4:1.26msec ②
#5:3.63msec ②
#6:3.46msec ②
#7:3.63msec ②
#8:3.68msec ②
#9:3.64msec ②
```

```
#1Ø:3.43msec  ②
complete......
averageTime: 2.83 msec  ③
Int32Array(100) [3Ø, 31, 32, 33, 34, 35, 36, 37, 38, 39, 4Ø, 41, 42, 43,
44, 45, 46,  ④
(省略)
```

① 初期データです。

② 1回ごとの所要時間です。

③ 10回の平均所要時間です。

④ 処理結果データです。

※ 所要時間は実行環境に依存し、各回の所要時間にはバラツキがあります。

4) これまでの測定結果のまとめ

sample01〜sample03の処理にかかる時間の結果は図5-31になります。実行環境により値は変化します。

```
sampleØ1:   Ø.66msec（ベクトル演算あり）
sampleØ2:   1.69msec（ベクトル演算なし）
sampleØ3:   2.83msec（JSのみ）
```

図5-31　sample01〜sample03の処理にかかる時間の結果

※測定したPCの仕様
　CPU：Intel Core-i7（4コア）、メモリ：16GB、グラフィックボード：なし

JavaScriptのみでの処理を1とした場合、速度の向上倍率は以下になります。

JavaScriptのみ	JavaScript+WASM	JavaScript+WASM+SIMD
1.0	1.7	4.3

繰り返しの演算内容が3を足すという極めて単純だったため、それほどの速度向上が表れなかったと推測されます。

なお、WASM+SIMD + Threadsによる速度向上の測定は、次章の機械学習アプリで行います。

5.4.4　マルチスレッドの基本コード

マルチスレッドはSIMDのようにコンパイラーによるコードの自動生成されません。自分でスレッドを管理する必要があるので、未経験者には難解だと思います。「C言語、pthread、入門」のキーワードでインターネット検索すると、多数のサイトが見つかるので参考にすることをお奨めします。ここでは、マルチスレッドの基本コードについて解説します。

sample04（スレッドなしの関数呼び出し）

　ここでは、スレッドを利用しない関数呼び出しの動作を確認します。関数は順次呼び出しになります。

1）変換元コードsample04.cの解説

```
リスト5-11    sample04.c

#include <stdio.h>  ①
#include <unistd.h>  ②

void *func(void *arg)  ③
{
    // 引数を整数として受け取り
    int *label = (int *)arg;  ④
    //関数の処理をログに出力
    for (int i = 0; i < 5; i++)
    {
        printf("function#%d: %d\n", *label, i);
        sleep(1);  ⑤
    }
    // 終了
    printf("function#%d: complete.....\n", *label);
    return NULL;
}

int main(void)
{
    // ログ出力時の識別番号
    int label[2] = {1, 2};

    // サブルーチン呼び出し
    func(&label[0]);  ⑥
    func(&label[1]);  ⑦

    return 0;
}
```

① printf()の利用に必要なヘッダーファイルをインクルードしています。

② sleep()の利用に必要なヘッダーファイルをインクルードしています。

③ main()から呼び出すサブルーチンを定義しています。汎用ポインター型の引数を受け取り、汎用ポインター型を返します。汎用ポインター型は任意のポインター型に変換できる型なので、利用する際には特定の型にキャストしてから利用します。

④ 汎用ポインター型の引数をint型にキャストして利用します。

⑤ 処理を1秒間停止します。

⑥ ⑦サブルーチンを連続して呼び出します。

2) emccコマンド04.batの解説

```
emcc sample04.c ^  ①
-o sample04.js ^  ②
-s ENVIRONMENT=web ^  ③
-s NO_FILESYSTEM=1 ^  ④
-s EXIT_RUNTIME  ⑤
```

① 変換元のコードとして、sample04.cを指定します。
② 出力先のファイルとして、sample04.jsを指定します。ファイル拡張子がjsなので、wasm+グルーコードを出力します。
③ 動作環境としてwebを指定し、Web環境に必要なグルーコードのみ生成します。それ以外のNode.js・Shell・WebWorker用の不要なグルーコードは生成しないようにします。
④ ファイル処理は行わないので、グルーコードで不要なコードが生成しないように、ファイルシステム不要を指定します。
⑤ main()関数が終了したらWebAssemblyの実行を停止します。

3) HTMLコードsample04.htmlの解説

```
<!DOCTYPE html>
<html>
（省略）
<body>
  <h1>sample04</h1>
  <script>
    var Module = { "onRuntimeInitialized": initApp };  ①
    function initApp() {  ②
      <h1>sample04</h1>
  <script>
    var Module = { "onRuntimeInitialized": initApp };
    function initApp() {
      console.log("JS: app ready");
    }
  </script>
  <script src="sample04.js"></script>  ③
</body>
</html>
```

① WebAssemblyのインスタンス化が完了したとき（onRuntimeInitialized）、initApp()関数を呼び出します。こうすることで、WebAssemblyのインスタンス化完了前にJavaScript側からアクセスするのを回避します。
② インスタンス化完了時に呼び出されるinitApp()関数を定義します。ここでは、コンソールログにメッセージを出力しています。
③ Emscriptenが自動生成したグルーコードを読み込みます。

4) sample04の実行
- 「5.4.2 動作確認の準備」がまだの場合は、行ってください。
- 「5.4.2 動作確認の準備（1）」で開いておいたコマンドプロンプトから、以下のコマンドを実行します。

```
04.bat
```

- sample03が表示しているページで、ブラウザーの戻るボタンを使ってapp04ディレクトリのファイル一覧のページへ戻ります。
- app04ディレクトリのファイル一覧のページでsample04.htmlのリンクをクリックします。
- 動作確認は、Chromeデベロッパーツールのコンソールの出力されるログで確認します。
- F12キー押下でデベロッパーツールを開き、上部のメニューから「Console」を選択します。
- ブラウザーのページのリロードを行います。
- Chromeデベロッパーツールのコンソールにログが表示されます（図5-32）。

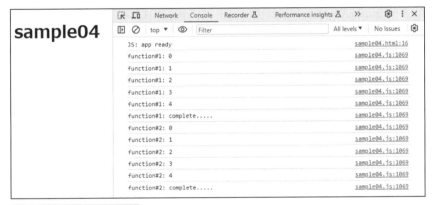

図5-32　sample04の実行結果

5) コンソールログの確認
1回目に呼んだサブルーチンの処理が完了後、2回目に呼んだサブルーチンが開始しています。

リスト5-14　コンソールログ

```
JS: app ready  ①
function#1: 0  ②
function#1: 1  ②
function#1: 2  ②
function#1: 3  ②
function#1: 4  ②
function#1: complete.....  ③
function#2: 0  ④
function#2: 1  ④
function#2: 2  ④
function#2: 3  ④
```

```
function#2: 4     ④
function#2: complete.....     ⑤
```

① JavaScript側が、WebAssemblyのインスタンス生成を検知しました。

② 1回目に呼ばれたサブルーチンのログ出力（1秒間隔で5回）です。

③ 1回目に呼ばれたサブルーチンが完了しました。

④ 2回目に呼ばれたサブルーチンのログ出力（1秒間隔で5回）です。

⑤ 2回目に呼ばれたサブルーチンが完了しました。

sample05（マルチスレッドの関数呼び出し）

ここでは、マルチスレッドを利用した関数呼び出しの動作を確認します。関数は同時並行処理されます。

1）変換元コードsample05.cの解説

リスト5-15   sample05.c

```c
#include <stdio.h>     ①
#include <pthread.h>   ②
#include <unistd.h>    ③

void *func(void *arg)     ④
{
    // 引数を整数として受け取り
    int *label = (int *)arg;     ⑤
    // //関数の処理をログに出力
    for (int i = 0; i < 5; i++)
    {
        printf("thread#%d: %d¥n", *label, i);
        sleep(1);     ⑥
    }
    // 終了
    printf("thread#%d: complete.....¥n", *label);
    return NULL;
}

int main(void)
{
    int ret;                     // 処理結果コードを受ける変数
    pthread_t     t_id[2];       // スレッドごとの識別子
    int label[2] = {1, 2};       // ログ出力時の識別番号

    // スレッドを生成してサブルーチン呼び出し
    ret = pthread_create(&t_id[0], NULL, func, &label[0]);     ⑦
    printf("thread create#1 ret:%d¥n", ret);
    ret = pthread_create(&t_id[1], NULL, func, &label[1]);     ⑦
    printf("thread create#2 ret:%d¥n", ret);

    // スレッドの終了を待機
    ret = pthread_join(t_id[0], NULL);     ⑧
    printf("thread join#1 ret:%d¥n", ret);
```

```
    ret = pthread_join(t_id[1], NULL);  ⑧
    printf("thread join#2 ret:%d¥n", ret);

    return 0;
}
```

① printf()の利用に必要なヘッダーファイルをインクルードしています。

② Pthreadの利用に必要なヘッダーファイルをインクルードしています。

③ sleep()の利用に必要なヘッダーファイルをインクルードしています。

④ 汎用ポインター型（void *）の引数を受け取り、汎用ポインター型（void *）を返します。汎用ポインター型は任意のポインター型に変換できる型なので、利用する際には特定の型にキャストしてから利用します。Pthreadで呼びだす関数は、引数も戻り値も汎用ポインター型である必要があります。

⑤ 汎用ポインター型の引数をint型にキャストして利用します。

⑥ 処理を1秒間停止します。

⑦ スレッドを生成します。ここでは2回呼び出しているので、2個のスレッドを生成します。それぞれのスレッドに異なるスレッドIDが与えられます。

⑧ スレッドの終了を待機します。2個のスレッドを生成したので、スレッドIDを指定して該当するスレッドの終了を待機します。

2) emccコマンド05.batの解説

リスト5-16　05.bat

```
emcc sample05.c ^  ①
-o sample05.js ^  ②
-s ENVIRONMENT=web,worker ^  ③
-s NO_FILESYSTEM=1 ^  ④
-s EXIT_RUNTIME ^  ⑤
-pthread ^  ⑥
-s PROXY_TO_PTHREAD  ⑦
```

① 変換元のコードとして、sample05.cを指定します。

② 出力先のファイルとして、sample05.jsを指定します。ファイル拡張子がjsなので、wasm+グルーコードを出力します。

③ 動作環境をwebとworkerを指定します。マルチスレッド利用時はworkerの指定が必要です。

④ ファイル処理は行わないので、グルーコードで不要なコードが生成しないように、ファイルシステム不要を指定します。

⑤ main()関数の終了時にWebAssemblyを停止します。

⑥ Pthreadを利用するときに指定します。

⑦ main()関数がスレッドを生成後、スレッドの終了待ちをすると、main()関数を実行しているメインスレッドがロック状態になってしまいます。PROXY_TO_THRESDを指定するとmain()関数が別スレッドで実行されるので、処理がロック状態になるのを回避できます。

05

3) HTMLコード sample05.html の解説

```
リスト5-17    sample05.html

<!DOCTYPE html>
<html>
（省略）
<body>
  <h1>sample05</h1>
  <script>
    var Module = { "onRuntimeInitialized": initApp };    ①
    function initApp() { ②
       <h1>sample05</h1>
  <script>
    var Module = { "onRuntimeInitialized": initApp };
    function initApp() {
      console.log("JS: app ready");
    }
  </script>
  <script src="sample05.js"></script>    ③
</body>
</html>
```

① WebAssembly のインスタンス化が完了したとき（onRuntimeInitialized）、
  initApp() 関数を呼び出します。こうすることで、WebAssembly のインスタンス
  化完了前に JavaScript 側からアクセスするのを回避します。
② インスタンス化完了時に呼び出される initApp() 関数を定義します。ここでは、コ
  ンソールログにメッセージを出力しています。
③ Emscripten が自動生成したグルーコードを読み込みます。

4) sample05 の実行

・「5.4.2　動作確認の準備」がまだの場合は、行ってください。
・「5.4.2　動作確認の準備（1）」で開いておいたコマンドプロンプトから、以下のコマンド
  を実行します。

```
05.bat
```

・sample04 が表示しているページで、ブラウザーの戻るボタンを使って app04 ディレク
  トリのファイル一覧のページへ戻ります。
・app04 ディレクトリのファイル一覧のページで sample05.html のリンクをクリックし
  ます。
・動作確認は、Chrome デベロッパーツールのコンソールの出力されるログで確認します。
・F12 キー押下でデベロッパーツールを開き、上部のメニューから「Console」を選択しま
  す。
・ブラウザーのページのリロードを行います。
・Chrome デベロッパーツールのコンソールにログが表示されます（図5-33）。

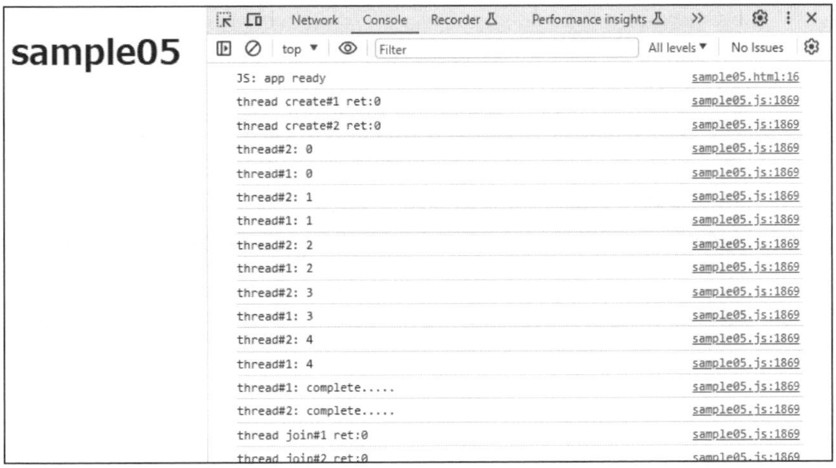

図5-33　sample05の実行結果

5) コンソールログの確認

　ログの内容から、2個のスレッドは同時並行処理していることが確認できます。

　2個のスレッドが同時並行処理しているため、スレッドが交互に0、1、2、3、4の数字を表示していることが確認できます。この例ではきれいに交互に処理していますが、CPUの負荷状況などで必ずしも交互にならないこともあります。

リスト5-18　コンソールログ

```
JS: app ready  ①
thread create#1 ret:0
thread create#2 ret:0
thread#2: 0  ④
thread#1: 0  ②
thread#2: 1  ④
thread#1: 1  ②
thread#2: 2  ④
thread#1: 2  ②
thread#2: 3  ④
thread#1: 3  ②
thread#2: 4  ④
thread#1: 4  ②
thread#1: complete.....③
thread#2: complete.....⑤
thread join#1 ret:0
thread join#2 ret:0
```

①　JavaScript側が、WebAssemblyのインスタンス生成を検知しました。

②　1回目に呼ばれたサブルーチンのログ出力（1秒間隔で5回）です。

③　1回目に呼ばれたサブルーチンが完了しました。

④　2回目に呼ばれたサブルーチンのログ出力（1秒間隔で5回）です。

⑤　2回目に呼ばれたサブルーチンが完了しました。

5.4 サンプルアプリによる動作確認　**163**

次のステップ

　ここまでが、「第5章　並行処理による高速化」になります。

　WebAssemblyによる高速化の効果が、SIMD機能（ベクトル演算）とマルチスレッド機能（マルチコア処理）によって、さらに2段階に加速されることを理解しました。そこで考える必要になるのが、「これほどの高速処理を何に活用するか？」です。

　次の章は、高速化したWebAssemblyの有効活用の1つとして、機械学習での利用について解説します。

第 **3** 部

機械学習アプリ への応用

第6章

機械学習ライブラリ
TensorFlow.jsの概要

WebAssemblyの活用分野として、複雑な演算が要求される機械学習があります。第6章では、機械学習の基本と、機械学習ライブラリTensorFlow.jsにおけるWebAssemblyの利用方法を解説します。

6.1 機械学習の基本

6.1.1 これまでの開発と機械学習の違い

TensorFlow.jsの説明の前に、機械学習の基本について解説します。

これまでは、以下のようなステップでプログラムを開発していました。

1. 人間が、データの入出力の仕様を決定します。
2. 人間が、仕様に従った処理方法をコードで記述します。
3. コンピューターが、コードに従いデータを処理します。

一方、機械学習では以下のようなステップでプログラムを開発します。

1. 人間が、データの入出力の仕様を決定します。
2. 人間が、処理対象のサンプルデータを準備します。
3. コンピューターが、サンプルデータを読み込んで処理方法を学習します。
4. コンピューターが、学習結果に従いデータを処理します。

上記を比べてわかるように、機械学習は従来のプログラミングとは全く異なり、学習が中心の開発方法になります。機械学習の分野では、学習結果のことを「モデル」と呼びます。モデルという名前がしっくりこない人は、モデルとは入力データから必要なデータを出力する一種の関数だと見なしてください。

機械学習は、これまでのプログラミング方式を完全に置き換えるわけではありませんが、画像・音声・文章の識別や予測などの用途では、機械学習の方が優れていたという結果が多数報告されています。

6.1.2 機械学習の手順例

この例では、犬と猫の写真を学習させ、入力された写真に犬または猫が写っているかを検出するモデルを作成しています。

1) モデルの作成

モデルの作成手順は、以下のようになります（図6-1）。

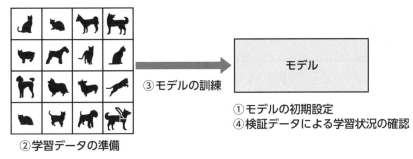

③モデルの訓練

モデル

①モデルの初期設定
④検証データによる学習状況の確認

②学習データの準備

図6-1　モデルの作成手順

①モデルの初期設定

学習に必要なモデルのひな型を作成します。入出力データの構造定義や各種設定（学習方法、アルゴリズム、パラメーターなど）を行います。

②学習データの準備

モデルに学習させるためのサンプルデータを準備します。

③モデルの訓練

準備したサンプルデータでモデルを訓練します。サンプルデータの一部は学習させずに検証用として準備しておきます。なお機械学習の分野では、モデルに学習させることを「訓練」と呼びます。

④検証データによる学習状況の確認

検証用として準備しておいたデータを読み込ませ、モデルの学習状況を確認します。学習状況に応じて、各種設定の調整、学習データの追加、学習完了などを行います。

2) モデルの利用

モデルの利用手順は、以下のようになります（図6-2）。

図6-2 モデルの利用手順

①データ入力

処理したいデータを入力します。この例では犬が写真に写っています。

②識別・予測

学習済みモデルが、入力データの中に犬または猫が写っているかを識別します。

③結果

識別結果を出力します。この例では、犬が検出されています。スコアは結果の確からしさを表しています。スコアの値は、そのまま表示するのではなく、一定値以下（たとえば90%以下）の場合は、結果として「検出なし」（犬でも猫でもない）のように出力するのが一般的です。

6.1.3　身近になってきた機械学習

ここまでの説明で、機械学習では、どれだけ効率良く優れたモデルを作成するかが、開発者の腕の見せ所になると感じたと思います。具体的には、学習用のサンプルデータの準備、モデルの初期設定と学習中の調整などのノウハウが重要になります。これらのノウハウを身につけるのは容易ではありません。そのため、機械学習は使いこなすのが難しい分野と見なされていました。

しかし、機械学習の普及に伴い、この状況は改善されつつあります。学習済みのモデルがインターネット上に多数公開されるようになってきたのです。おかげでデータの準備やモデルの設定方法を知らなくても、学習済みのモデルをダウンロードすれば、自分の機械学習アプリに簡単に利用できるようになりました。

さらに、「転移学習」と呼ばれる技術によって、学習済みのモデルを自分用にカスタマイズすることも可能になりました。

このように、ハードルが高かった機械学習アプリの開発が身近なものになってきているのです。

6.2　TensorFlow.jsとは

TensorFlow.jsは、Googleが開発を主導する機械学習ライブラリです。Webブラウザーまたは Node.jsの環境で稼働し、JavaScriptでアプリコードを記述します。

本書では、WebAssemblyを利用した機械学習サンプルアプリの実装に利用します。

6.2.1 TensorFlow.js選択の理由

本書はフロントエンド向けWebAssemblyの書籍なので、WebAssemblyが利用できることを大前提に、容易に機械学習アプリの実装ができることに配慮し、以下の条件で使用する機械学習ライブラリの検討を行いました。

1) Webブラウザーで稼働すること
2) WebAssemblyを利用できること
3) 学習済みのモデルが公開されていること
4) 公開されている技術情報が豊富なこと
5) バージョンアップが継続的に行われていること

検討の結果、条件をすべて満たす機械学習ライブラリとして、TensorFlow.jsを選択しました。

> **注意** 3種類のTensorFlow
>
> TensorFlowは、本書で利用するTensorFlow.jsを含めて実行環境ごとに3種類に分かれており、サポートされる機能に違いがあります[*1]。
>
> 技術情報を参照するときは、その情報がどのTensorFlowについての情報なのか確認する必要があります。TensorFlow.jsと他のTensorFlowを混同しないように注意が必要です。
>
> 1) TensorFlow（デスクトップ、サーバー向け）
>   - プラットフォーム：Ubuntu、Windows、macOS
>   - 開発言語；Python、Java、C++、Go
>
> 2) TensorFlow Lite（モバイル、組み込みデバイス向け）
>   - プラットフォーム：Androidデバイス、iOSデバイス、組み込みLinux、マイクロコントローラー
>   - 開発言語；Java、Swift、Objective-C、C++、Python
>
> 3) TensorFlow.js（Webブラウザー、Node.js向け）
>   - プラットフォーム：Webブラウザー、Node.js
>   - 開発言語：JavaScript

---

*1　本番環境向けの「TensorFlow Extended」もある。

3種類のTensorFlowについての詳細は、以下の公式サイトを参照してください（図6-3～6-5）。

図6-3　ToncorFlow公式サイト

URL https://www.tensorflow.org/overview?hl=ja

図6-4　TensorFlow Lite公式サイト

URL https://www.tensorflow.org/lite?hl=ja

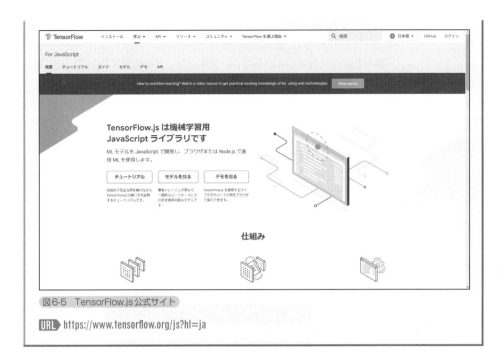

図6-5 TensorFlow.js公式サイト

URL https://www.tensorflow.org/js?hl=ja

6.2.2　TensorFlow.jsの構造

　TensorFlow.jsの構造は以下のようになっています（図6-6）。①〜④の構成要素について順に説明します。

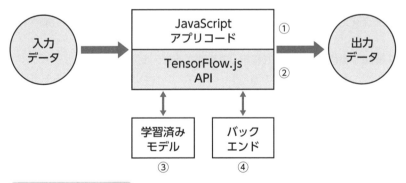

図6-6　TensorFlow.jsの構造

① JavaScriptアプリコード

　TensorFlow.jsで機械学習アプリを開発するには、JavaScriptを使って実装します。機械学習の処理はTensorFlow.js APIを経由して行います。

6.2 TensorFlow.jsとは　　**171**

② TensorFlow.js API

　TensorFlow.js APIは、機械学習の処理だけでなく、画像の拡大・縮小や行列計算などのヘルパー関数も豊富に提供しているので、少ないコードで機械学習アプリを開発できます。どのようなAPIがあるかは、以下のページを確認してください（図6-7）。

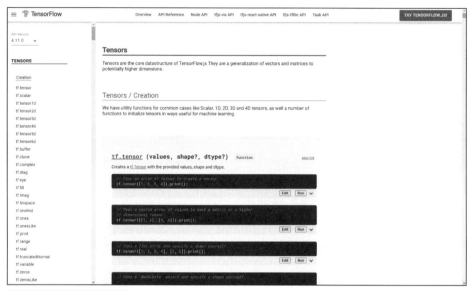

図6-7　TensorFlow.jsのAPI

URL https://js.tensorflow.org/api/latest/?hl=ja

③ 学習済みモデル

　TensorFlow.jsの公式サイトには、以下のような学習済みモデルが公開されています。

- ・ 画像や動画から、物体を検出して識別するモデル
- ・ 画像や動画から、人体の顔・手・体のポイントやポーズを検出するモデル
- ・ 与えられた文章から、回答を生成する自然言語処理のモデル

　公式サイトには、本書のサンプルアプリで利用する「手のポーズ検出」モデルも含まれています。さらに、学習済みのモデルをカスタマズする転移学習のユーティリティも準備されています。詳細は以下のページを参照してください（図6-8）。

図6-8　TensorFlow.js用の学習済みモデル

URL https://www.tensorflow.org/js/models?hl=ja

④バックエンド

　TensorFlow.jsにおけるバックエンドとは、TensorFlow.js内部で行う共通の演算や処理を分離して、npmモジュールにしたものです。Web開発で使われるサーバーなどを表すバックエンドとは別の意味になります。

　実行環境に応じたバックエンドを選択することで、高速化が可能になります。以下の3種類[*2]が用意されています。

1. WASMバックエンド

　実行環境がWebAssemblyを利用できるブラウザーの場合に選択できます。さらに、WebAssemblyのSIMDとThreads機能のサポート状況を検出して、自動的に有効化します。JavaScriptのみの場合よりも大幅に速度が向上します。

2. WebGLバックエンド

　実行環境が演算高速化のためのGPU（Graphics Processing Unit）を利用できるブラウザーの場合に選択できます。JavaScriptのみの場合よりも大幅に速度が向上します。

3. CPUバックエンド

　JavaScriptのみで動作するバックエンドです。WebAssemblyも、演算高速化のためのGPUも利用できない場合に選択します。ほとんどのWebブラウザーで動作可能です。ただし、WASMバックエンドやWebGLバックエンドと比べると、処理速度が大幅に低下します。

---

*2　WebGPUバックエンドも公開されているが、対応Webブラウザーが少ないので割愛。

6.3　TensorFlow.jsバックエンドの利用

本書のテーマはWebAssemblyによる高速化なので、3種類のバックエンド（WASM、CPU、WebGL）を使ってサンプルアプリを作成し、処理速度の比較を行ってみましょう。まず、前提知識として、3種類のバックエンドの使い方を解説します。

なお、ここでのコード説明は概要のみです。詳細は「6.5　サンプルアプリによる動作確認」で説明します。

6.3.1　WASMバックエンド

1）概要

TensorFlow.jsでWASMバックエンドの利用を指定すると、TensorFlow.jsがあらかじめ用意したWebAssembly実行ファイルを自動でインスタンス化します（図6-9）。

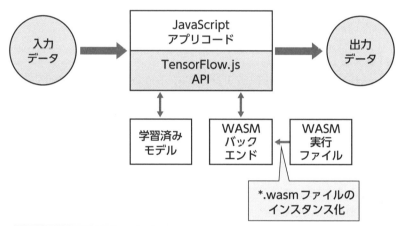

図6-9　WASMバックエンドがWebAssembly実行ファイルを自動でインスタンス化

第5章までは、WebAssemblyを利用するには、変換元コードの作成やemccコマンドによる変換などの手順が必要でしたが、TensorFlow.jsでは、WebAssembly実行ファイルを内部に組み込んでいるため、開発者はEmscriptenやC言語などを意識することなく、JavaScriptでTensorFlow.jsのAPIを利用するだけで機械学習アプリの実装ができて、とても便利です。

2）npmパッケージのインストール

WASMバックエンドのモジュールをインストールする際には、バージョンを明示的に指定して、TensorFlow.jsのコアモジュールとバックエンドのバージョンを一致させます。

```
npm install @tensorflow/tfjs-core@バージョン番号
npm install @tensorflow/tfjs-backend-wasm@バージョン番号
```

補足説明 **選択可能なバージョンの確認**

　選択可能なコアモジュールとWASMバックエンドのバージョン番号は、コマンドプロンプトから以下のコマンドを実行して確認できます。

```
npm info @tensorflow/tfjs-core versions
npm info @tensorflow/tfjs-backend-wasm versions
```

3) モジュールのインポート

TensorFlow.jsを使用するJavaScriptアプリコードの先頭部分に、以下の記述を行います。

```
import * as tf from "@tensorflow/tfjs-core";  //TensorFlow.jsのコア
import * as tfjsWasm from "@tensorflow/tfjs-backend-wasm"; //WASMバックエンド
```

4) インスタンス化するWebAssembly実行ファイルの指定

WASMバックエンドがインスタンス化するWebAssembly実行ファイルの指定するために、以下をTensorFlow.jsを使用するJavaScriptアプリコードに記述します。記述位置は、tf.setBackend("wasm")でバックエンドをWASMに指定するより前にしてください。

```
//CDNのUrl
const baseUrl =
  "https://cdn.jsdelivr.net/npm/" +
  "@tensorflow/tfjs-backend-wasm@" +
  tfjsWasm.version_wasm + ①
  "/dist/";

//WASMのみ、WASM+SIMD、WASM+SIMD+Thread用のWASM実行ファイル
tfjsWasm.setWasmPaths({ ②
  "tfjs-backend-wasm.wasm":
      baseUrl + "tfjs-backend-wasm.wasm", ③
  "tfjs-backend-wasm-simd.wasm":
      baseUrl + "tfjs-backend-wasm-simd.wasm", ④
  "tfjs-backend-wasm-threaded-simd.wasm":
      baseUrl + "tfjs-backend-wasm-threaded-simd.wasm", ⑤
});
```

① tfjsWasm.version_wasmはWASMバックエンドのバージョンを返します。この値をUrlに追加して、WASMバックエンドとインスタンス化するWebAssembly実行ファイルのバージョンを一致させます。

② WASMバックエンドがインスタンス化するWebAssembly実行ファイルのUrlを指定します。どのWebAssembly実行ファイルをインスタンス化するかは、TensorFlow.jsが実行環境を検出して自動的に選択します。

③ 並行処理なしのWebAssembly実行ファイルのUrlを指定します。

④ SIMD を利用するWebAssembly実行ファイルのUrlを指定します。

⑤ SIMDとThreadsの両方を利用するWebAssembly実行ファイルのUrlを指定します。

5）バックエンドの指定

WASMバックエンドを有効にするために、TensorFlow.jsを使用するJavaScriptアプリコードに以下を記述します。tf.getBackend()メソッドでバックエンド指定の結果を確認できます。

```
await tf.setBackend("wasm");
await tf.ready();  //バックエンドが利用可能になるまで待機
console.log( tf.getBackend());  //現在のバックエンドを確認
```

6）詳細情報

以下のnpmのページで詳細情報を参照できます（図6-10）。

図6-10　WASMバックエンドの詳細情報

URL https://www.npmjs.com/package/@tensorflow/tfjs-backend-wasm

6.3.2　WebGLバックエンド

1）概要

TensorFlow.jsでWebGLバックエンドの利用を指定すると、GPUのアクセラレーション機能を利用して、機械学習の処理速度を向上させます（図6-11）。処理速度の向上は、GPUのハードウェア性能に依存します。

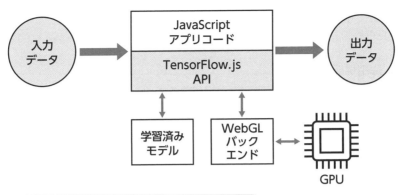

図6-11　WebGLバックエンドがGPUを使って処理速度を向上

2）npmパッケージのインストール

コマンドプロンプトから以下のコマンドを実行して、TensorFlow.jsのコアとWebGLバックエンドをインストールします。インストールの際は、パッケージ名の後に@バージョン番号を明示的に指定して、TensorFlow.jsのコアモジュールとバックエンドのバージョンを一致させます。

```
npm install @tensorflow/tfjs-core@バージョン番号
npm install @tensorflow/tfjs-backend-webgl@バージョン番号
```

 選択可能なバージョンの確認

選択可能なコアモジュールとWebGLバックエンドのバージョン番号は、コマンドプロンプトから以下のコマンドを実行して確認できます。

```
npm info @tensorflow/tfjs-core versions
npm info @tensorflow/tfjs-backend-webgl versions
```

3）モジュールのインポート

TensorFlow.jsを使用するJavaScriptアプリコードの先頭部分に、以下の記述を行います。

```
import * as tf from "@tensorflow/tfjs-core";  //TensorFlowコア
import "@tensorflow/tfjs-backend-webgl";  //WebGLバックエンド
```

4）バックエンドの指定

WebGLバックエンドを有効にするために、TensorFlow.jsを使用するJavaScriptアプリコードに以下を記述します。tf.getBackend()メソッドでバックエンド指定の結果を確認できます。

```
await tf.setBackend("webgl");
```

```
await tf.ready();  //バックエンドが利用可能になるまで待機
console.log( tf.getBackend() );  //現在のバックエンドを確認
```

5) 詳細情報

以下のnpmのページで詳細情報を参照できます（図6-12）。

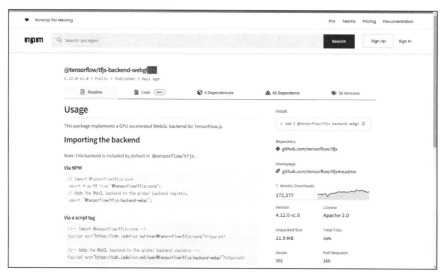

図6-12 WebGLバックエンドの詳細情報

URL https://www.npmjs.com/package/@tensorflow/tfjs-backend-webgl

6.3.3 CPUバックエンド

1）概要

TensorFlow.jsでCPUバックエンドの利用を指定すると、JavaScriptのみでTensorFlow.jsの処理を行うので、幅広いデバイスで動作します（図6-13）。ただし、他のバックエンドと比べ低速です。

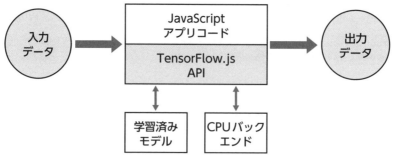

図6-13 CPUバックエンドはJavaScriptのみで動作

2) npmパッケージのインストール

コマンドプロンプトから以下のコマンドを実行して、TensorFlow.jsのコアとCPUバックエンドをインストールします。インストールの際は、パッケージ名の後に@バージョン番号を明示的に指定して、TensorFlow.jsのコアモジュールとバックエンドのバージョンを一致させます。

```
npm install @tensorflow/tfjs-core@バージョン番号
npm install @tensorflow/tfjs-backend-cpu@バージョン番号
```

選択可能なバージョンの確認

選択可能なコアモジュールとCPUバックエンドのバージョン番号は、コマンドプロンプトから以下のコマンドを実行して確認できます。

```
npm info @tensorflow/tfjs-core versions
npm info @tensorflow/tfjs-backend-cpu versions
```

3) モジュールのインポート

TensorFlow.jsを使用するJavaScriptアプリコードの先頭部分に、以下の記述を行います。

```
import * as tf from "@tensorflow/tfjs-core";  //TensorFlowコア
import "@tensorflow/tfjs-backend-cpu";  //CPUバックエンド
```

4) バックエンドの指定

CPUバックエンドを有効にするために、TensorFlow.jsを使用するJavaScriptアプリコードに以下を記述します。tf.getBackend()メソッドでバックエンド指定の結果を確認できます。

```
await tf.setBackend("cpu");
await tf.ready();  //バックエンドが利用可能になるまで待機
console.log( tf.getBackend());  //現在のバックエンドを確認
```

5) 詳細情報

以下のnpmのページで詳細情報を参照できます（図6-14）。

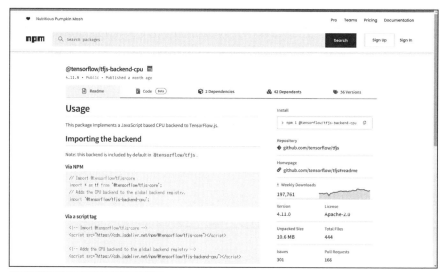

図6-14 CPUバックエンドの詳細情報

URL https://www.npmjs.com/package/@tensorflow/tfjs-backend-cpu

6.4 「手のポーズ検出」モデルの利用

6.4.1 モデルの概要

　「手のポーズ検出（hand-pose-detection）」モデル（図6-15）は、画像や動画から複数の手を検出します。さらに検出した手ごとに、21箇所のポイントの位置を推測します（図6-16）。入力される動画に追随して、複雑な演算を伴う手のポーズ検出を高速で行う必要があるため、WASMバックエンドによる高速化の活用が期待できます。

図6-15　手のポーズ検出モデルの紹介

URL https://blog.tensorflow.org/2021/11/3D-handpose.html

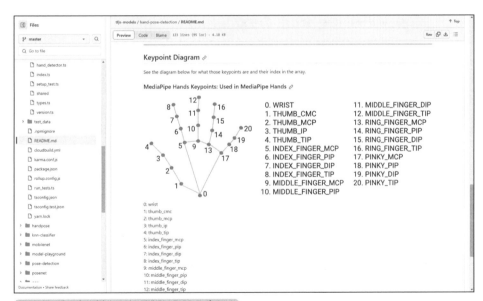

図6-16　手のポーズ検出モデルが推測する21のポイント

URL https://github.com/tensorflow/tfjs-models/blob/master/hand-pose-detection/README.md#keypoint-diagram

1）npmパッケージのインストール

コマンドプロンプトからリスト6-1のコマンドを実行して、手のポーズ検出モデルのパッケージをインストールします。

リスト6-1　npmパッケージのインストールコマンド

```
npm install @tensorflow-models/hand-pose-detection
```

2）モジュールのインポート

手のポーズ検出モデルを使用するJavaScriptアプリコードの先頭部分にリスト6-2の記述を行い、手のポーズ検出モデルをインポートします。

リスト6-2　モジュールのインポートコマンド

```
import * as handPoseDetection from "@tensorflow-models/hand-pose-detection";
```

3）検出器（Detecor）の生成

手のポーズ検出モデルを使用するJavaScriptアプリコードにリスト6-3の記述を行い、手の検出器を生成します。

リスト6-3　検出器（Detecor）の生成プログラム

```
//モデルの取得
const model = handPoseDetection.SupportedModels.MediaPipeHands;

//検出器の構成
const detectorConfig = {
  runtime: "tfjs", //固定値
  maxHands: 2, //検出する手の最大数
  modelType: "lite" //lite:速度優先、full:精度優先
};

//検出器の生成
const detector = await handPoseDetection.createDetector(
    model,
    detectorConfig
);
```

4）手の検出と21ポイントの位置の推測

手のポーズ検出モデルを使用するJavaScriptアプリコードにリスト6-4の記述を行い、手の検出と21ポイントの位置を推測します。

リスト6-4　手の検出と21ポイントの位置の推測プログラム

```
//入力データの扱い
const estimationConfig = {
    flipHorizontal: true //画像を左右反転する   ①
};
//手の検出と21ポイントの推測
const hands = await detector.estimateHands(image, estimationConfig);   ②
//出力結果の確認（デベロッパーツールのコンソールへ出力）
console.dir(hands);
```

① 画像撮影の環境によっては左右が反転し、左手が右手、右手が左手に誤認識されることがあります。その場合は、trueを設定して左右反転処理を行います。

② 検出器は、入力データをestimsteHands()メソッドの第1引数で、動画または静止画で受け取ります。HTMLVideoElement、HTMLImageElement、HTMLCanvasElementへの参照を受け付けます。

5）出力結果

手のポーズ検出モデルは検出結果を、手ごとの情報をオブジェクトにした配列として出力します。構造はリスト6-5のようになっています。handednessは右手か左手か、keypointsは21ポイントの2次元座標、keypoints3Dは21ポイントの3次元座標、scoreは出力した結果の確からしさを表しています。リスト6-5の例では、2個の手（右手と左手）を検出しています。

リスト6-5　出力結果

```
[
{
handedness: "Left",
keypoints: [{…}, {…}, {…}, .... {…}],
keypoints3D:  [{…}, {…}, {…}, .... {…}],
score: 0.9975257515907288
},
{
handedness: "Right",
keypoints: [{…}, {…}, {…}, .... {…}],
keypoints3D:[{…}, {…}, {…}, .... {…}] ,
score: 0.9961589574813843
}
]
```

6) 詳細情報

以下のgithubのページで詳細情報を参照できます（図6-17）。

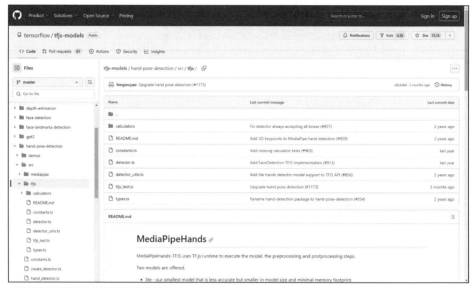

図6-17 手のポーズ検出モデルの詳細情報

URL https://github.com/tensorflow/tfjs-models/tree/master/hand-pose-detection/src/tfjs

---

6.5 サンプルアプリによる動作確認

6.5.1 サンプルアプリの概要

WASMバックエンドによる高速化の効果を確認するため、「手のポーズ検出」モデルを利用したサンプルアプリを、CPUバックエンド、WASMバックエンド、WebGLバックエンドで作成し、処理速度を比較します（表6-1）。4枚の静止画像を対象に手の検出を行い、コンソールログで動作を確認します（図6-18）。

表6-1 サンプルアプリの内容

ファイル名	コードの内容
sample01	CPUバックエンド（JavaScriptのみで動作）
sample02	WASMバックエンド（並行処理なし）
sample03	WASMバックエンド（SIMD）
sample04	WASMバックエンド（SIMD+マルチスレッド）
sample05	WebGLバックエンド

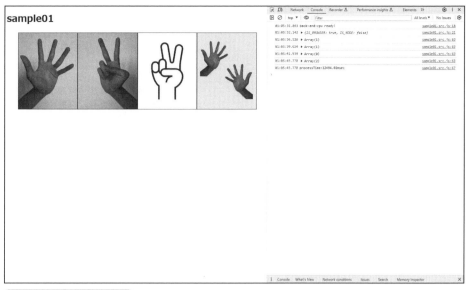

図6-18　サンプルアプリの外観

6.5.2　サンプルアプリ（app05）のダウンロード

　本書の初めの「本書を読む前に」に記載のサポートサイトから、app05の完成版をダウンロードできます。

・app05_YYYYMMDD.7z（YYYYMMDDは更新日）

　ダウンロードしたファイルは7zip ツールで展開し、フォルダー名は「app05_YYYYMM
DD」から「app05」に変更します。

■7zip ツール
URL https://7-zip.opensource.jp

　展開後のファイルは以下になります（図6-19）。
　なお、01.bat〜05.batは、webpack build コマンドファイルです。JavaScript ソースファイル（src¥sample01.src.js〜src¥sample05.src.js）をビルドして、JavaScript実行ファイル（dist¥sample01.js〜dist¥sample05.js）を生成します。

```
|    01.bat                      //webpack build コマンド（sample01 用）
|    02.bat                      //webpack build コマンド（sample02 用）
|    03.bat                      //webpack build コマンド（sample03 用）
|    04.bat                      //webpack build コマンド（sample04 用）
|    05.bat                      //webpack build コマンド（sample05 用）
|    sample01.config.js          //webpack 構成ファイル（sample01 用）
|    sample02.config.js          //webpack 構成ファイル（sample02 用）
|    sample03.config.js          //webpack 構成ファイル（sample03 用）
|    sample04.config.js          //webpack 構成ファイル（sample04 用）
|    sample05.config.js          //webpack 構成ファイル（sample05 用）
|    webpack.config.js           //webpack 構成ファイル（ローカル Web サーバー用）
|
+---dist
|    |    index.html             //HTML ファイル（HTML 一覧用）
|    |    sample01.html          //HTML ファイル（sample01 用）
|    |    sample01.js            //JavaScript 実行ファイル（sample01 用）
|    |    sample02.html          //HTML ファイル（sample02 用）
|    |    sample02.js            //JavaScript 実行ファイル（sample02 用）
|    |    sample03.html          //HTML ファイル（sample03 用）
|    |    sample03.js            //JavaScript 実行ファイル（sample03 用）
|    |    sample04.html          //HTML ファイル（sample04 用）
|    |    sample04.js            //JavaScript 実行ファイル（sample04 用）
|    |    sample05.html          //HTML ファイル（sample05 用）
|    |    sample05.js            //JavaScript 実行ファイル（sample05 用）
|    |    style.css              //スタイルの定義（sample01~05 共通）
|    |
|    ¥---hand
|          hand01.jpg            // 手の画像（左手）
|          hand02.jpg            // 手の画像（右手）
|          hand03.jpg            // 手の画像（手のアイコン）
|          hand04.jpg            // 手の画像（左右両手）
|
¥---src
       index.js                 // 空白
       sample01.src.js          //JavaScript ソースファイル（sample01 用）
       sample02.src.js          //JavaScript ソースファイル（sample02 用）
       sample03.src.js          //JavaScript ソースファイル（sample03 用）
       sample04.src.js          //JavaScript ソースファイル（sample04 用）
       sample05.src.js          //JavaScript ソースファイル（sample05 用）
```

図6-19　app04展開後のファイル一覧（npm関連ファイルは省略）

6.5.3　動作確認の準備

1) コマンドプロンプトを開き、cdコマンドでカレントディレクトリをapp05にしてください。

2) コマンドプロンプトから、以下のコマンドを実行します。

```
npm start
```

3）しばらくするとローカルWebサーバー（webpack-dev-server）が起動します。

4）続いて、Webブラウザーが自動で開き、app05フォルダーのHTMLファイル一覧が表示されます（図6-20）。このページは、開いたままにしておきます。

app05

sample01.html
sample02.html
sample03.html
sample04.html
sample05.html

図6-20　Webブラウザーの初期表示

　なお、ローカルWebサーバーの設定ファイル（webpack.config.js）には、マルチスレッドの利用時に必要なHTTPレスポンスヘッダーを設定しています（「5.3.3　SharedArrayBufferの注意点」を参照）。

6.5.4　CPUバックエンド（sample01）

sample01で使用するファイルの内容を解説します。

1）webpack buildコマンド（01.bat）

リスト6-6　01.bat

```
npx webpack build --config sample01.config.js  ①
```

> ① webpackは、構成ファイルsample01.config.jsに従い、ビルドを行います。

2）webpack構成ファイル（sample01.config.js）

リスト6-7　sample01.config.js

```
module.exports = {
  // メインとなるJavaScriptファイル（エントリーポイント）
  entry: `./src/sample01.src.js`,  ①

  // ファイルの出力設定
  output: {  ②
    // 出力ファイルのディレクトリ名
    path: `${__dirname}/dist`,
    // 出力ファイル名
    filename: "sample01.js",
  },
  // モード値を production に設定すると最適化された状態で、
  // development に設定するとソースマップ有効でJSファイルが出力される
  mode: "development"  ③
```

```
};
```

① ソースコードを src¥sample01.src.js にします。

② ビルドの出力先を dist¥sample01.js にします。

③ デバッグ用にビルドします。

3) JavaScriptソースファイル（src¥sample01.src.js）

リスト6-8　src¥sample01.src.js

```javascript
// モデルのインポート
import * as handPoseDetection from "@tensorflow-models/hand-pose-
detection";
// TensorFlow.jsのインポート
import * as tf from "@tensorflow/tfjs-core";
// JavaScriptのみで動作するCPUバックエンドのインポート
import "@tensorflow/tfjs-backend-cpu";

(async () => {  ①
  //バックエンドをCPU(JavaScriptのみ)に設定
  await tf.setBackend("cpu");  ②

  //TensorFlowの準備待ち
  await tf.ready();  ③
  console.log("back-end:" + tf.getBackend() + " ready!");  ④

  //TensorFlowの環境確認
  console.log(tf.env().features);  ⑤

  //画像データへの参照取得
  const handImage = [
    document.querySelector("#hand01"),
    document.querySelector("#hand02"),
    document.querySelector("#hand03"),
    document.querySelector("#hand04"),
  ];

  //モデルの取得
  const model = handPoseDetection.SupportedModels.MediaPipeHands;

  //検出器の構成
  const detectorConfig = {
    runtime: "tfjs", //固定値
    maxHands: 2, //検出する手の最大数
    modelType: "lite", //lite:速度優先、full:精度優先
  };

  //検出器の生成
  const detector = await handPoseDetection.createDetector(
      model,
      detectorConfig
  );

  //入力データの扱い
```

```
const estimationConfig = {
  flipHorizontal: true, //画像を左右反転する  ⑥
};

let processTime = 0; //検出にかかった合計時間

//4枚の画像を順に処理
for (let i = 0; i < 4; i++) {

  let startTime = performance.now(); //処理開始
  const hands = await detector.estimateHands(
      handImage[i], estimationConfig); //手を検出
  const endTime = performance.now(); //処理終了

  processTime += endTime - startTime; //所要時間を積算
  console.dir(hands); //検出結果をログ出力
}

//処理時間の合計をログ出力
console.log("processTime:" + processTime.toFixed(2) + "msec");
})();
```

① 非同期処理を含むので、即時関数内でasync/awaitを利用します。
② CPUバックエンドを選択します。
③ TensorFlowが利用可能になるまで待機します。
④ 現在のバックエンドを確認します。「cpu」とコンソールログに出力されれば、②が正しく処理されています。
⑤ 現在の実行環境についてログ出力します。選択したバックエンドごとに異なります。
⑥ 入力された画像を左右反転します。画像撮影時の環境によっては左右が反転することがあります。左手が右手、右手が左手に誤認識されるときは、画像の左右反転処理を行います。

4）HTMLコード（sample01.html）

リスト6-9　sample01.html

```
<!DOCTYPE html>
<html>
（省略）
<body>
  <h1>sample01</h1>
  <ul>
    <li><img id="hand01" src="hand/hand01.jpg" /></li>
    <li><img id="hand02" src="hand/hand02.jpg" /></li>
    <li><img id="hand03" src="hand/hand03.jpg" /></li>
    <li><img id="hand04" src="hand/hand04.jpg" /></li>
  </ul>
  <script src="sample01.js"></script>
</body>
</html>
```

通常のHTMLなので、説明は割愛します。

5) sample01の実行

- コマンドプロンプトを開き、cdコマンドでカレントディレクトリをapp05にします。
- コマンドプロンプトから、以下のコマンドを実行します。

```
01.bat
```

- 「6.5.3　動作確認の準備」で開いておいたWebブラウザーのapp05ディレクトリの HTMLファイル一覧のページで、sample01.htmlのリンクをクリックします。
- 動作確認は、Chromeデベロッパーツールのコンソールの出力されるログで確認します。
- F12キー押下でデベロッパーツールを開き、上部のメニューから「Console」を選択します。
- ブラウザーのページのリロードを行います。
- Chromeデベロッパーツールのコンソールにログが表示されます（図6-21）。表示には時間がかかることがあります。

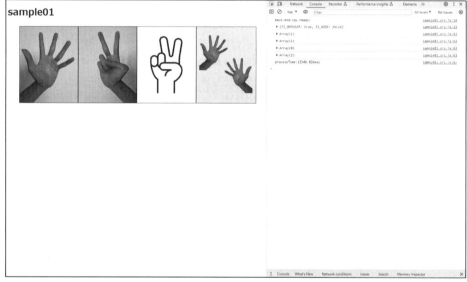

図6-21　sample01の実行結果

6) コンソールログの確認

リスト6-10　コンソールログ

```
back-end:cpu ready!  ①
{IS_BROWSER: true, IS_NODE: false}  ②
Array(1)  ③
Array(1)  ③
Array(0)  ③
Array(2)  ③
processTime: 12148.82 msec  ④
```

① 現在はCPUバックエンドで準備完了です。

② 現在の実行環境データを含むObjectです。

IS_BROWSER: true　（Webブラウザー上で実行中）

③ 手の検出結果数です。順に1個、1個、0個、2個です。手のイラストは、手とは認識されないので検出結果数が0個です。

Arrayの表示を展開すると、以下になります。

handedness:"Left"　//左手

keypoints: [{…}, {…}, {…}, {…}, ... {…}]　　//21ポイントの2次元座標

keypoints3D: [{…}, {…}, {…}, {…}, ... {…}]　//21ポイントの3次元座標

score: 0.9979833960533142　//結果の確からしさ（0〜1）

④ 4枚の画像の積算処理時間です。

　以上で、CPUバックエンドの選択に成功し、4枚の画像が正しく認識されていることが確認できました。

6.5.5　WASMバックエンド：並行処理なし（sample02）

sample02で使用するファイルの内容を解説します。

1）webpack buildコマンド（02.bat）

リスト6-11　02.bat

```
npx webpack build --config sample02.config.js  ①
```

　　① webpackは、構成ファイルsample02.config.jsに従い、ビルドを行います。

2）webpack構成ファイル（sample02.config.js）

リスト6-12　sample02.config.js

```
module.exports = {
  // メインとなるJavaScriptファイル（エントリーポイント）
  entry: `./src/sample02.src.js`,  ①

  // ファイルの出力設定
  output: {  ②
    // 出力ファイルのディレクトリ名
    path: `${__dirname}/dist`,
    // 出力ファイル名
    filename: "sample02.js",
  },
  // モード値を production に設定すると最適化された状態で、
  // development に設定するとソースマップ有効でJSファイルが出力される
  mode: "development"  ③
```

```
};
```

> ① ソースコードをsrc¥sample02.src.jsにします。
> ② ビルドの出力先をdist¥sample02.jsにします。
> ③ デバッグ用にビルドします。

3) JavaScriptソースファイル（src¥sample02.src.js）

リスト6-13　src¥sample02.src.js

```javascript
// モデルのインポート
import * as handPoseDetection from "@tensorflow-models/hand-pose-
detection";
// TensorFlow.jsのインポート
import * as tf from "@tensorflow/tfjs-core";
//WASMで動作するバックエンドのインポート
import * as tfjsWasm from "@tensorflow/tfjs-backend-wasm";
// WASM実行ファイルのURLを設定
const baseUrl =
  "https://cdn.jsdelivr.net/npm/" +
  "@tensorflow/tfjs-backend-wasm@" +
  tfjsWasm.version_wasm +
  "/dist/";
tfjsWasm.setWasmPaths({  ①
  "tfjs-backend-wasm.wasm":
    baseUrl + "tfjs-backend-wasm.wasm",
  "tfjs-backend-wasm-simd.wasm":
    baseUrl + "tfjs-backend-wasm-simd.wasm",
  "tfjs-backend-wasm-threaded-simd.wasm":
    baseUrl + "tfjs-backend-wasm-threaded-simd.wasm",
});

(async () => {  ②

  //WASMのSIMDとThreadのON/OFF
  tf.env().set("WASM_HAS_MULTITHREAD_SUPPORT", false);  ③
  tf.env().set("WASM_HAS_SIMD_SUPPORT", false);  ④

  //バックエンドをWASMに設定
  await tf.setBackend("wasm");  ⑤

  //TensorFlowの準備待ち
  await tf.ready();  ⑥
  console.log("back-end:" + tf.getBackend() + " ready!");  ⑦

  //TensorFlowの環境確認
  console.log(tf.env().features);  ⑧

  //画像データへの参照取得
  const handImage = [
    document.querySelector("#hand01"),
    document.querySelector("#hand02"),
    document.querySelector("#hand03"),
    document.querySelector("#hand04"),
```

```
  ];

  //モデルの取得
  const model = handPoseDetection
      .SupportedModels.MediaPipeHands;

  //検出器の構成
  const detectorConfig = {
    runtime: "tfjs", //固定値
    maxHands: 2, //検出する手の最大数
    modelType: "lite", //lite:速度優先、full:精度優先
  };

  //検出器の生成
  const detector = await handPoseDetection .createDetector(
      model,
      detectorConfig
  );

  //入力データの扱い
  const estimationConfig = {
    flipHorizontal: true, //画像を左右反転する    ⑨
  };

  let processTime = 0; //検出にかかった合計時間

  //4枚の画像を順に処理
  for (let i = 0; i < 4; i++) {

    let startTime = performance.now(); //処理開始
    const hands = await detector.estimateHands(
        handImage[i], estimationConfig); //手を検出
    const endTime = performance.now(); //処理終了

    processTime += endTime - startTime; //所要時間を積算
    console.dir(hands); //検出結果をログ出力
  }

  //処理時間の合計をログ出力
  console.log("processTime:" + processTime.toFixed(2) + "msec");
})();
```

① WASMバックエンドがインスタンス化するWebAssembly実行ファイルのUrl
  を指定します。

  ・tfjs-backend-wasm.wasm（WASM並行処理なし）

  ・tfjs-backend-wasm-simd.wasm（WASM+SIMD）

  ・tfjs-backend-wasm-threaded-simd.wasm（WASM+SIMD+Threads）

② 非同期処理を含むので、即時関数内でasync/awaitを利用します。

③ マルチスレッド機能を無効にします。

④ SIMD機能を無効にします。

⑤ WASMバックエンドを選択します。

⑥ TensorFlowが利用可能になるまで待機します。

⑦ 現在のバックエンドを確認します。「wasm」とコンソールログに出力されれば、⑤が正しく処理されています。

⑧ 現在の実行環境についてログ出力します。選択したバックエンドごとに異なります。

⑨ 入力された画像を左右反転します。画像撮影時の環境によっては左右が反転することがあります。左手が右手、右手が左手に誤認識されるときは、画像の左右反転処理を行います。

4) HTMLコード（sample02.html）

リスト6-14　sample02.html

```html
<!DOCTYPE html>
<html>
（省略）
<body>
  <h1>sample02</h1>
  <ul>
    <li><img id="hand01" src="hand/hand01.jpg" /></li>
    <li><img id="hand02" src="hand/hand02.jpg" /></li>
    <li><img id="hand03" src="hand/hand03.jpg" /></li>
    <li><img id="hand04" src="hand/hand04.jpg" /></li>
  </ul>
  <script src="sample02.js"></script>
</body>
</html>
```

通常のHTMLなので、説明は割愛します。

5) sample02の実行

・コマンドプロンプトを開き、cdコマンドでカレントディレクトリをapp05にします。
・コマンドプロンプトから、以下のコマンドを実行します。

```
02.bat
```

・sample01が表示しているページで、ブラウザーの戻るボタンを使ってapp05ディレクトリのHTMLファイル一覧のページへ戻ります。
・app05ディレクトリのHTMLファイル一覧のページでsample02.htmlのリンクをクリックします。
・動作確認は、Chromeデベロッパーツールのコンソールの出力されるログで確認します。
・F12キー押下でデベロッパーツールを開き、上部のメニューから「Console」を選択します。
・ブラウザーのページのリロードを行います。
・Chromeデベロッパーツールのコンソールにログが表示されます（図6-22）。

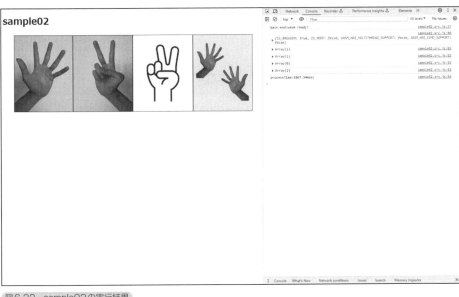

sample02

図6-22　sample02の実行結果

6) コンソールログの確認

リスト6-15　コンソールログ

```
back-end:wasm ready! ①
{IS_BROWSER: true, IS_NODE: false, WASM_HAS_MULTITHREAD_SUPPORT: false,
WASM_HAS_SIMD_SUPPORT: false} ②
Array(1) ③
Array(1) ③
Array(0) ③
Array(2) ③
processTime: 1027.47msec ④
```

　① 現在はWASMバックエンドで準備完了です。

　② 現在の実行環境データを含むObjectです。

　　IS_BROWSER: true　（Webブラウザー上で実行中）

　　WASM_HAS_MULTITHREAD_SUPPORT: false　（マルチスレッド機能が無効）

　　WASM_HAS_SIMD_SUPPORT: false　（SIMD機能が無効）

　③ 手の検出結果数です。順に1個、1個、0個、2個です。手のイラストは、手とは
　　認識されないので、検出結果数が0個です。

　　Arrayの表示を展開すると、以下になります。

　　handedness:"Left"　//左手

　　keypoints: [{…}, {…}, {…}, {…}, ….. {…}]　　//21ポイントの2次元座標

　　keypoints3D: [{…}, {…}, {…}, {…}, ….. {…}]　//21ポイントの3次元座標

　　score:0.9979833960533142　//結果の確からしさ（0〜1）

　④ 4枚の画像の積算処理時間です。

以上で、WASMバックエンドの選択に成功し、4枚の画像が正しく認識されていることが確認できました。また、CPUバックエンドと比べ、処理速度が向上しています。

▶ 6.5.6 WASMバックエンド：SIMD（sample03）

sample03で使用するファイルの内容を解説します。

1）webpack buildコマンド（03.bat）

リスト6-16　03.bat

```
npx webpack build --config sample03.config.js   ①
```

　　① webpackは、構成ファイルsample03.config.jsに従い、ビルドを行います。

2）webpack構成ファイル（sample03.config.js）

リスト6-17　sample03.config.js

```
module.exports = {
  // メインとなるJavaScriptファイル（エントリーポイント）
  entry: `./src/sample03.src.js`,   ①

  // ファイルの出力設定
  output: {   ②
    //  出力ファイルのディレクトリ名
    path: `${__dirname}/dist`,
    // 出力ファイル名
    filename: "sample03.js",
  },
  // モード値を production に設定すると最適化された状態で、
  // development に設定するとソースマップ有効でJSファイルが出力される
  mode: "development"   ③
};
```

　　① ソースコードをsrc¥sample03.src.jsにします。
　　② ビルドの出力先をdist¥sample03.jsにします。
　　③ デバッグ用にビルドします。

3）JavaScriptソースファイル（src¥sample03.src.js）

リスト6-18　src¥sample03.src.js

```
// モデルのインポート
import * as handPoseDetection from "@tensorflow-models/hand-pose-
detection";
// TensorFlow.jsのインポート
import * as tf from "@tensorflow/tfjs-core";
```

```
//WASMで動作するバックエンドのインポート
import * as tfjsWasm from "@tensorflow/tfjs-backend-wasm";
// WASM実行ファイルのURLを設定
const baseUrl =
  "https://cdn.jsdelivr.net/npm/" +
  "@tensorflow/tfjs-backend-wasm@" +
  tfjsWasm.version_wasm +
  "/dist/";
tfjsWasm.setWasmPaths({  ①
  "tfjs-backend-wasm.wasm":
    baseUrl + "tfjs-backend-wasm.wasm",
  "tfjs-backend-wasm-simd.wasm":
    baseUrl + "tfjs-backend-wasm-simd.wasm",
  "tfjs-backend-wasm-threaded-simd.wasm":
    baseUrl + "tfjs-backend-wasm-threaded-simd.wasm",
});

(async () => {  ②

  //WASMのSIMDとThreadのON/OFF
  tf.env().set("WASM_HAS_MULTITHREAD_SUPPORT", false);  ③

  //バックエンドをWASMに設定
  await tf.setBackend("wasm");  ④

  //TensorFlowの準備待ち
  await tf.ready();  ⑤
  console.log("back-end:" + tf.getBackend() + " ready!");  ⑥

  //TensorFlowの環境確認
  console.log(tf.env().features);  ⑦

  //画像データへの参照取得
  const handImage = [
    document.querySelector("#hand01"),
    document.querySelector("#hand02"),
    document.querySelector("#hand03"),
    document.querySelector("#hand04"),
  ];

  //モデルの取得
  const model = handPoseDetection.SupportedModels.MediaPipeHands;

  //検出器の構成
  const detectorConfig = {
    runtime: "tfjs", //固定値
    maxHands: 2, //検出する手の最大数
    modelType: "lite", //lite:速度優先、full:精度優先
  };

  //検出器の生成
  const detector = await handPoseDetection .createDetector(
      model,
      detectorConfig
  );
```

```
//入力データの扱い
const estimationConfig = {
  flipHorizontal: true, //画像を左右反転する   ⑧
};

let processTime = 0; //検出にかかった合計時間

//4枚の画像を順に処理
for (let i = 0; i < 4; i++) {

  let startTime = performance.now(); //処理開始
  const hands = await detector.estimateHands(
      handImage[i], estimationConfig); //手を検出
  const endTime = performance.now(); //処理終了

  processTime += endTime - startTime; //所要時間を積算
  console.dir(hands); //検出結果をログ出力
}

//処理時間の合計をログ出力
  console.log("processTime:" + processTime.toFixed(2) + "msec");
})();
```

SIMD機能の有効化は明示的には行いません。WASMバックエンドが実行環境を自動判定し、SIMDが利用できる場合に有効化します。

① WASMバックエンドがインスタンス化するWebAssembly実行ファイルのUrlを指定します。

　・tfjs-backend-wasm.wasm （WASM並行処理なし）

　・tfjs-backend-wasm-simd.wasm （WASM+SIMD）

　・tfjs-backend-wasm-threaded-simd.wasm （WASM+SIMD+Threads）

② 非同期処理を含むので、即時関数内でasync/awaitを利用します。

③ マルチスレッド機能を無効にします。

④ WASMバックエンドを選択します。

⑤ TensorFlowが利用可能になるまで待機します。

⑥ 現在のバックエンドを確認します。「wasm」とコンソールログに出力されれば、④が正しく処理されています。

⑦ 現在の実行環境についてログ出力します。選択したバックエンドごとに異なります。

⑧ 入力された画像を左右反転します。画像撮影時の環境によっては左右が反転することがあります。左手が右手、右手が左手に誤認識されるときは、画像の左右反転処理を行います。

4）HTMLコード（sample03.html）

```html
<!DOCTYPE html>
<html>
（省略）
<body>
  <h1>sample03</h1>
  <ul>
    <li><img id="hand01" src="hand/hand01.jpg" /></li>
    <li><img id="hand02" src="hand/hand02.jpg" /></li>
    <li><img id="hand03" src="hand/hand03.jpg" /></li>
    <li><img id="hand04" src="hand/hand04.jpg" /></li>
  </ul>
  <script src="sample03.js"></script>
</body>
</html>
```

通常のHTMLですので、説明は割愛します。

5）sample03の実行

・コマンドプロンプトを開き、cdコマンドでカレントディレクトリをapp05にします。

・コマンドプロンプトから、以下のコマンドを実行します。

```
03.bat
```

・sample02が表示しているページで、ブラウザーの戻るボタンを使ってapp05ディレクトリのHTMLファイル一覧のページへ戻ります。

・app05ディレクトリのHTMLファイル一覧のページでsample03.htmlのリンクをクリックします。

・動作確認は、Chromeデベロッパーツールのコンソールの出力されるログで確認します。

・F12キー押下でデベロッパーツールを開き、上部のメニューから「Console」を選択します。

・ブラウザーのページのリロードを行います。

・Chromeデベロッパーツールのコンソールにログが表示されます（図6-23）。

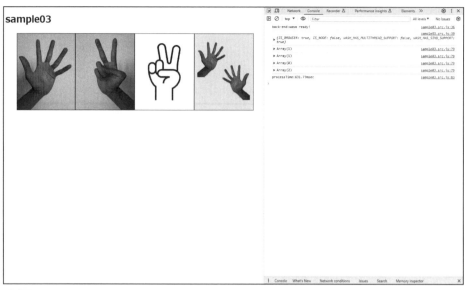

図6-23 sample03の実行結果

6) コンソールログの確認

リスト6-20 コンソールログ

```
back-end:wasm ready!  ①
{IS_BROWSER: true, IS_NODE: false, WASM_HAS_MULTITHREAD_SUPPORT: false,
WASM_HAS_SIMD_SUPPORT: true}  ②
Array(1)  ③
Array(1)  ③
Array(0)  ③
Array(2)  ③
processTime: 631.73msec  ④
```

① 現在はWASMバックエンドで準備完了です。

② 現在の実行環境データを含むObjectです。

　IS_BROWSER: true　（Webブラウザー上で実行中）

　WASM_HAS_MULTITHREAD_SUPPORT: false　（マルチスレッド機能が無効）

　WASM_HAS_SIMD_SUPPORT: true　（SIMD機能が有効）

③ 手の検出結果数です。順に1個、1個、0個、2個です。手のイラストは、手とは認識されないので検出結果数が0個です。

　Arrayの表示を展開すると、以下になります。

　handedness:"Left"　//左手

　keypoints: [{…}, {…}, {…}, {…}, ….. {…}]　　//21ポイントの2次元座標

　keypoints3D: [{…}, {…}, {…}, {…}, ….. {…}]　//21ポイントの3次元座標

　score: 0.9979833960533142　//結果の確からしさ（0～1）

④ 4枚の画像の積算処理時間です。

以上で、WASMバックエンドの選択とSIMD機能を有効化に成功し、4枚の画像が正しく認識されていることが確認できました。また、SIMD機能により、処理速度が向上しています。

6.5.7　WASMバックエンド：SIMD＋Threads（sample04）

sample04で使用するファイルの内容を解説します。

1）webpack buildコマンド（04.bat）

リスト6-21　04.bat

```
npx webpack build ––config sample04.config.js    ①
```

　　　① webpackは、構成ファイルsample04.config.jsに従い、ビルドを行います。

2）webpack構成ファイル（sample04.config.js）

リスト6-22　sample04.config.js

```
module.exports = {
  // メインとなるJavaScriptファイル（エントリーポイント）
  entry: `./src/sample04.src.js`,  ①

  // ファイルの出力設定
  output: {  ②
    //  出力ファイルのディレクトリ名
    path: `${__dirname}/dist`,
    // 出力ファイル名
    filename: "sample04.js",
  },
  // モード値を production に設定すると最適化された状態で、
  // development に設定するとソースマップ有効でJSファイルが出力される
  mode: "development"  ③
};
```

　　　① ソースコードをsrc¥sample04.src.jsにします。
　　　② ビルドの出力先をdist¥sample04.jsにします。
　　　③ デバッグ用にビルドします。

3）JavaScriptソースファイル（src¥sample04.src.js）

リスト6-23　src¥sample04.src.js

```
// モデルのインポート
import * as handPoseDetection from "@tensorflow-models/hand-pose-detection";
// TensorFlow.jsのインポート
import * as tf from "@tensorflow/tfjs-core";
```

```javascript
//WASMで動作するバックエンドのインポート
import * as tfjsWasm from "@tensorflow/tfjs-backend-wasm";
// WASM実行ファイルのURLを設定
const baseUrl =
  "https://cdn.jsdelivr.net/npm/" +
  "@tensorflow/tfjs-backend-wasm@" +
  tfjsWasm.version_wasm +
  "/dist/";
tfjsWasm.setWasmPaths({   ①
  "tfjs-backend-wasm.wasm":
    baseUrl + "tfjs-backend-wasm.wasm",
  "tfjs-backend-wasm-simd.wasm":
    baseUrl + "tfjs-backend-wasm-simd.wasm",
  "tfjs-backend-wasm-threaded-simd.wasm":
    baseUrl + "tfjs-backend-wasm-threaded-simd.wasm",
});

(async () => {   ②

  //バックエンドをWASMに設定
  await tf.setBackend("wasm");   ③

  //TensorFlowの準備待ち
  await tf.ready();   ④
  console.log("back-end:" + tf.getBackend() + " ready!");   ⑤

  //TensorFlowの環境確認
  const threadCount = tfjsWasm.getThreadsCount();   ⑥
  console.log("thread count:" + threadCount);
  console.log(tf.env().features);   ⑦

  //画像データへの参照取得
  const handImage = [
    document.querySelector("#hand01"),
    document.querySelector("#hand02"),
    document.querySelector("#hand03"),
    document.querySelector("#hand04"),
  ];

  //モデルの取得
  const model = handPoseDetection.SupportedModels.MediaPipeHands;

  //検出器の構成
  const detectorConfig = {
    runtime: "tfjs", //固定値
    maxHands: 2, //検出する手の最大数
    modelType: "lite", //lite:速度優先、full:精度優先
  };

  //検出器の生成
  const detector = await handPoseDetection .createDetector(
      model,
      detectorConfig
  );

  //入力データの扱い
```

```
const estimationConfig = {
  flipHorizontal: true, //画像を左右反転する  ⑧
};

let processTime = 0; //検出にかかった合計時間

//4枚の画像を順に処理
for (let i = 0; i < 4; i++) {

  let startTime = performance.now(); //処理開始
  const hands = await detector.estimateHands(
      handImage[i], estimationConfig); //手を検出
  const endTime = performance.now(); //処理終了

  processTime += endTime - startTime; //所要時間を積算
  console.dir(hands); //検出結果をログ出力
}

//処理時間の合計をログ出力
console.log("processTime:" + processTime.toFixed(2) + "msec");
})();
```

SIMD機能とThreads機能の有効化は明示的には行いません。WASMバックエンドが実行環境を自動判定し、それらが利用できる場合に有効化します。

① WASMバックエンドがインスタンス化するWebAssembly実行ファイルのUrlを指定します。

・tfjs-backend-wasm.wasm（WASM並行処理なし）

・tfjs-backend-wasm-simd.wasm（WASM+SIMD）

・tfjs-backend-wasm-threaded-simd.wasm（WASM+SIMD+Threads）

② 非同期処理を含むので、即時関数内でasync/awaitを利用します。

③ WASMバックエンドを選択します。

④ TensorFlowが利用可能になるまで待機します。

⑤ 現在のバックエンドを確認します。「wasm」とコンソールログに出力されれば、③が正しく処理されています。

⑥ WebAssemblyで生成したスレッド数を取得します。スレッド数は実行環境のCPUコア数と一致します。

⑦ 現在の実行環境についてログ出力します。選択したバックエンドごとに異なります。

⑧ 入力された画像を左右反転します。画像撮影時の環境によっては左右が反転することがあります。左手が右手、右手が左手に誤認識されるときは、画像の左右反転処理を行います。

4) HTMLコード（sample04.html）

```
リスト6-24    sample04.html

<!DOCTYPE html>
<html>
（省略）
<body>
  <h1>sample04</h1>
  <ul>
    <li><img id="hand01" src="hand/hand01.jpg" /></li>
    <li><img id="hand02" src="hand/hand02.jpg" /></li>
    <li><img id="hand03" src="hand/hand03.jpg" /></li>
    <li><img id="hand04" src="hand/hand04.jpg" /></li>
  </ul>
  <script src="sample04.js"></script>
</body>
</html>
```

通常のHTMLなので、説明は割愛します。

5) sample04の実行

- コマンドプロンプトを開き、cdコマンドでカレントディレクトリをapp05にします。
- コマンドプロンプトから、以下のコマンドを実行します。

```
04.bat
```

- sample03が表示しているページで、ブラウザーの戻るボタンを使ってapp05ディレクトリのHTMLファイル一覧のページへ戻ります。
- app05ディレクトリのHTMLファイル一覧のページでsample04.htmlのリンクをクリックします。
- 動作確認は、Chromeデベロッパーツールのコンソールの出力されるログで確認します。
- F12キー押下でデベロッパーツールを開き、上部のメニューから「Console」を選択します。
- ブラウザーのページのリロードを行います。
- Chromeデベロッパーツールのコンソールにログが表示されます（図6-24）。

図6-24　sample04の実行結果

6) コンソールログの確認

```
back-end:wasm ready!  ①
thread count:4  ②
{IS_BROWSER: true, IS_NODE: false, WASM_HAS_MULTITHREAD_SUPPORT:true,
WASM_HAS_SIMD_SUPPORT: true}  ③
Array(1)  ④
Array(1)  ④
Array(0)  ④
Array(2)  ④
processTime: :380.84msec  ⑤
```

① 現在はWASMバックエンドで準備完了です。

② 生成したスレッド数。スレッド数は実行環境のCPUコア数と一致します。

③ 現在の実行環境データを含むObjectです。

　　IS_BROWSER: true　　（Webブラウザー上で実行中）

　　WASM_HAS_MULTITHREAD_SUPPORT: true　　（マルチスレッド機能が有効）

　　WASM_HAS_SIMD_SUPPORT: true　　（SIMD機能が有効）

④ 手の検出結果数です。順に1個、1個、0個、2個です。手のイラストは、手とは認識されないので検出結果数が0個です。

　　Arrayの表示を展開すると、以下になります。

　　handedness:"Left"　//左手

　　keypoints: [{⋯}, {⋯}, {⋯}, {⋯}, ... {⋯}]　　//21ポイントの2次元座標

　　keypoints3D: [{⋯}, {⋯}, {⋯}, {⋯}, ... {⋯}]　　//21ポイントの3次元座標

　　score: 0.9979833960533142　//結果の確からしさ（0〜1）

⑤ 4枚の画像の積算処理時間です。

以上で、WASMバックエンドの選択とSIMD機能＋Threads機能の有効化に成功し、4枚の画像が正しく認識されていることが確認できました。また、Threads機能により、sample03と比べさらに処理速度が向上しています。

6.5.8　WebGLバックエンド（sample05）

sample05で使用するファイルの内容を解説します。

1）webpack buildコマンド（05.bat）

リスト6-25　05.bat

```
npx webpack build --config sample05.config.js　①
```

> ① webpackは、構成ファイルsample05.config.jsに従い、ビルドを行います。

2）webpack構成ファイル（sample05.config.js）

リスト6-26　sample05.config.js

```
module.exports = {
  // メインとなるJavaScriptファイル（エントリーポイント）
  entry: `./src/sample05.src.js`,　①

  // ファイルの出力設定
  output: {　②
    //  出力ファイルのディレクトリ名
    path: `${__dirname}/dist`,
    // 出力ファイル名
    filename: "sample05.js",
  },
  // モード値を production に設定すると最適化された状態で、
  // development に設定するとソースマップ有効でJSファイルが出力される
  mode: "development"　③
};
```

> ① ソースコードをsrc¥sample05.src.jsにします。
> ② ビルドの出力先をdist¥sample05.jsにします。
> ③ デバッグ用にビルドします。

3）JavaScriptソースファイル（src¥sample05.src.js）

リスト6-27　src¥sample05.src.js

```
// モデルのインポート
import * as handPoseDetection from
    "@tensorflow-models/hand-pose-detection";
// TensorFlow.jsのインポート
```

```javascript
import * as tf from "@tensorflow/tfjs-core";
// WebGLバックエンドのインポート
import "@tensorflow/tfjs-backend-webgl";

(async () => {  ①

  //バックエンドをWebGLに設定
  await tf.setBackend("webgl");  ②

  //TensorFlowの準備待ち
  await tf.ready();  ③
  console.log("back-end:" + tf.getBackend() + " ready!");  ④

  //TensorFlowの環境確認
  console.log(tf.env().features);  ⑤

  //画像データへの参照取得
  const handImage = [
    document.querySelector("#hand01"),
    document.querySelector("#hand02"),
    document.querySelector("#hand03"),
    document.querySelector("#hand04"),
  ];

  //モデルの取得
  const model = handPoseDetection.SupportedModels.MediaPipeHands;

  //検出器の構成
  const detectorConfig = {
    runtime: "tfjs", //固定値
    maxHands: 2, //検出する手の最大数
    modelType: "lite", //lite:速度優先、full:精度優先
  };

  //検出器の生成
  const detector = await handPoseDetection.createDetector(
    model,
    detectorConfig
  );

  //入力データの扱い
  const estimationConfig = {
    flipHorizontal: true //画像を左右反転する  ⑥
  };

  let processTime = 0; //検出にかかった合計時間

  //4枚の画像を順に処理
  for (let i = 0; i < 4; i++) {
    let startTime = performance.now(); //処理開始
    const hands = await detector.estimateHands(handImage[i],
estimationConfig); //手を検出
    const endTime = performance.now(); //処理終了

    processTime += endTime - startTime; //所要時間を積算
    console.dir(hands); //検出結果をログ出力
```

```
  }

  // 処理時間の合計をログ出力
  console.log("processTime:" + processTime.toFixed(2) + "msec");
})();
```

① 非同期処理を含むので、即時関数内でasync/awaitを利用します。
② WebGLバックエンドを選択します。
③ TensorFlowが利用可能になるまで待機します。
④ 現在のバックエンドを確認します。「webgl」とコンソールログに出力されれば、②が正しく処理されています。
⑤ 現在の実行環境についてログ出力します。選択したバックエンドごとに異なります。
⑥ 入力された画像を左右反転します。画像撮影時の環境によっては左右が反転することがあります。左手が右手、右手が左手に誤認識されるときは、画像の左右反転処理を行います。

4) HTMLコード（sample05.html）

リスト6-28　sample05.html

```html
<!DOCTYPE html>
<html>
（省略）
<body>
  <h1>sample05</h1>
  <ul>
    <li><img id="hand01" src="hand/hand01.jpg" /></li>
    <li><img id="hand02" src="hand/hand02.jpg" /></li>
    <li><img id="hand03" src="hand/hand03.jpg" /></li>
    <li><img id="hand04" src="hand/hand04.jpg" /></li>
  </ul>
  <script src="sample05.js"></script>
</body>
</html>
```

通常のHTMLなので、説明は割愛します。

5) sample05の実行

・コマンドプロンプトを開き、cdコマンドでカレントディレクトリをapp05にします。
・コマンドプロンプトから、以下のコマンドを実行します。

```
05.bat
```

・sample04が表示しているページで、ブラウザーの戻るボタンを使ってapp05ディレクトリのHTMLファイル一覧のページへ戻ります。
・app05ディレクトリのHTMLファイル一覧のページでsample05.htmlのリンクをク

リックします。

・ 動作確認は、Chromeデベロッパーツールのコンソールの出力されるログで確認します。
・ F12キー押下でデベロッパーツールを開き、上部のメニューから「Console」を選択します。
・ ブラウザーのページのリロードを行います。
・ Chromeデベロッパーツールのコンソールにログが表示されます（図6-25）。

なお、仮想マシンやGPUがない環境でWebGLバックエンドを実行すると、エラーが発生し、動作しない場合があります。

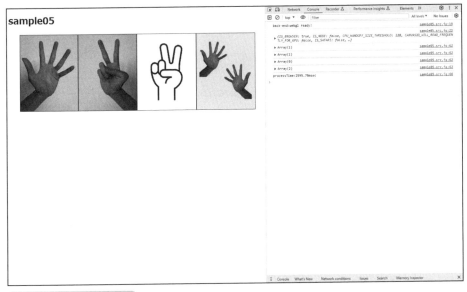

図6-25　sample05の実行結果

6) コンソールログの確認

リスト6-29　コンソールログ

```
back-end:webgl ready!  ①
{IS_BROWSER: true, IS_NODE: false, CPU_HANDOFF_SIZE_THRESHOLD: 128,
CANVAS2D_WILL_READ_FREQUENTLY_FOR_GPU: false, ....}   ②
Array(1)  ③
Array(1)  ③
Array(0)  ③
Array(2)  ③
processTime: : 2595.78msec  ④
```

① 現在はWebGLバックエンドで準備完了です。
② 現在の実行環境データを含むObjectです。
　　IS_BROWSER: true　（Webブラウザー上で実行中）
③ 手の検出結果数です。順に1個、1個、0個、2個です。手のイラストは、手とは

認識されないので検出結果数が0個です。

Arrayの表示を展開すると、以下になります。

handedness:"Left"　//左手

keypoints: [{…}, {…}, {…}, {…}, ….. {…}]　　//21ポイントの2次元座標

keypoints3D: [{…}, {…}, {…}, {…}, ….. {…}]　//21ポイントの3次元座標

score: 0.9960915446281433　//結果の確からしさ（0〜1）

④ 4枚の画像の積算処理時間。

以上で、WebGLバックエンドの選択に成功し、4枚の画像が正しく認識されていることが確認できました。また、CPUバックエンド（sample01）と比べ、処理速度が向上しています。

6.5.9　処理速度の比較

sample01〜sample05の処理速度の比較は、表6-2になります。CPUやGPUの環境で測定値は大幅に変わりますが、以下のことがわかります。

1) CPUバックエンド（JavaScriptのみで動作）と比べ、WASMバックエンドとWebGLバックエンドは大幅に高速処理ができる。

2) WebAssemblyの並行処理（SIMD、Threads）は、さらに処理速度を向上する。

表6-2　sample01〜sample05の処理速度の比較

	処理時間 (msec)	加速倍率 (sample01を基準)
sample01 CPUバックエンド	12149	1.0
sample02 WASMバックエンド：並行処理なし	1027	11.8
sample03 WASMバックエンド：SIMD	632	19.2
sample04 WASMバックエンド：SIMD+Threads	381	31.9
sample05 WebGLバックエンド	2596	4.7

測定したPCの仕様

CPU：Intel Core-i7（4コア）、メモリ：16GB、グラフィックボード：なし

次のステップ

　ここまでが、「第6章　機械学習ライブラリTensorFlow.jsの概要」になります。

　WebAssemblyを機械学習で利用すると、JavaScriptの約10倍、さらにSIMD機能（ベクトル演算）とマルチスレッド機能（マルチコア処理）を有効にすると約30倍という驚異的な速度向上を確認しました。これは、WebAssemblyがWebフロントエンドでの機械学習の可能性を大きく広げることを意味します。

　またTensorFlow.jsは、WebAssembly実行ファイルとグルーコードを組みこんでいます。したがって、面倒なEmscriptenによる変換作業は不要で、通常のWebアプリと同じJavaScriptで開発を進められます。このようにWebAssemblyは、性能と開発しやすさの両面で進化しています。

　次の章は、これまでのWebアプリでは到底できなかった桁違いの高速処理が求められる動体検出アプリを、WebAssemblyで実現します。その高速性と開発しやすさを体験してください。

第7章

機械学習サンプルアプリの実装

　第7章は、ビデオの動画映像から手のポーズを検出するアプリを実装します。これまでのWebでは到底できなかったリアルタイムでの機械学習の処理が、WebAssemblyにより可能になります。

7.1 手のポーズ検出アプリの概要

7.1.1 21か所のキーポイントを検出

　手のポーズ検出アプリは、ビデオ映像（図7-1の左）を入力データとして、手の21か所のキーポイントを検出し、ビデオの映像にキーポイントの位置を重ねて描画します（図7-1の右）。なお、サンプルアプリでは動作テストを容易にするため、録画済みのビデオを入力データにしていますが、実際の利用ではカメラからの映像を直接入力データにしたリアルタイム処理を行います。

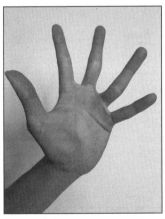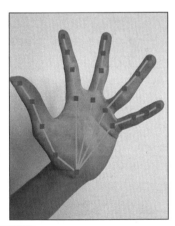

図7-1　入力データ（左）とキーポイントの描画（右）

また、キーポイントが他の指などに隠れて見えない場合でも、位置を推測して表示します（図7-2）。

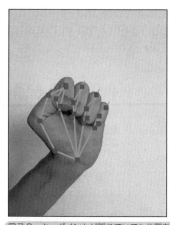

図7-2　キーポイントが隠れていても位置を推測

7.1.2　用途と価値

　21か所のキーポイントは手と指の骨格を表しているので、手の動きをデータとして再現できます。たとえば、遠隔地の機械を操作したり、メタバースで自分のアバターが商品をつかんだり、ボタンを押したりする操作を、コントローラーやセンサー付きグローブなどを使わずに直感的にできるようになります。そのため、幅広い用途に活用できます。

　例として、ソニー「メタバースハンド」があります（図7-3）。

図7-3　ソニー「メタバースハンド」の紹介

URL https://xtrend.nikkei.com/atcl/contents/18/00105/00138/

人の動作を使った直感的な操作は、既にゲーム機やスマートフォンのアプリで可能ですが、同じようにWebブラウザーで利用できれば、リンクをクリックするだけで、インストール不要ですぐに使えるうえ、マルチプラットフォーム対応も容易なため、ユーザーの裾野を大きく広げる可能性があります。

7.1.3　留意点

このサンプルアプリの留意点は、処理時間の短縮です。一般的なWebアプリは、処理時間が要求されるとしても秒単位のレベルでした。たとえば、Webサイトで3秒以上待たされると多くのサイト利用者がストレスを感じるので、2秒以内で応答を返すなどの要求です。一方、今回のサンプルアプリのような人間が入力データを与えるのではなく、動画で次々とデータが入力されるような場合は、処理時間の要求が桁違いに厳しくなります。一般的な動画では約30FPS（1秒間に30回、画面が切り替わる）です。したがって、1秒÷30＝33msec以内で21か所のキーポイントの検出が要求されます。これがWebAssemblyによる高速化の効果が必要とされる理由です。

7.1.4　データフォーマット

手のポーズ検出アプリは、図7-4に記述した数値をインデックスとした21個のオブジェクト配列を出力します。

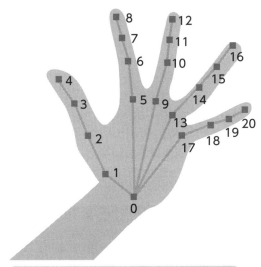

図7-4　キーポイントと座標データ配列インデックスの関係

キーポイントを検出する際は、2次元座標と3次元座標の2種類のデータが同時に出力されますが、図7-5は2次元座標の例です。

```
0: {x: 152.8164534681258, y: 333.8168058041144, name: 'wrist'}
1: {x: 99.96713221381782, y: 306.226970285497, name: 'thumb_cmc'}
2: {x: 63.54409734320228, y: 247.41088165669288, name: 'thumb_mcp'}
3: {x: 75.77096839197942, y: 193.593433462897, name: 'thumb_ip'}
4: {x: 117.13935273585702, y: 166.87970430452967, name: 'thumb_tip'}
5: {x: 101.41652874934816, y: 199.9570462957307, name: 'index_finger_mcp'}
6: {x: 121.77328133615254, y: 160.5375288447404, name: 'index_finger_pip'}
7: {x: 114.75750956819408, y: 207.34435801556137, name: 'index_finger_
dip'}
8: {x: 109.22921522150006, y: 227.7322143741957, name: 'index_finger_tip'}
9: {x: 139.1515221113306, y: 206.6478914728834, name: 'middle_finger_mcp'}
10: {x: 157.89979371905213, y: 163.9291847775638, name: 'middle_finger_
pip'}
11: {x: 144.3010453488975, y: 223.10227048372252, name: 'middle_finger_
dip'}
12: {x: 136.62982039453388, y: 235.4819429091252, name: 'middle_finger_
tip'}
13: {x: 170.84101642930568, y: 217.388523393094, name: 'ring_finger_mcp'}
14: {x: 189.24656354729652, y: 182.22038430718317, name: 'ring_finger_
pip'}
15: {x: 173.3856456129659, y: 232.81199374444594, name: 'ring_finger_dip'}
16: {x: 164.22906941139496, y: 243.54440113105386, name: 'ring_finger_
tip'}
17: {x: 200.60749425150786, y: 232.134381289179, name: 'pinky_finger_mcp'}
18: {x: 212.22562391058068, y: 205.46579463871632, name: 'pinky_finger_
pip'}
19: {x: 197.80492838953614, y: 240.17062427681316, name: 'pinky_finger_
dip'}
20: {x: 188.17583060263675, y: 252.17129060056948, name: 'pinky_finger_
tip'}
```

図7-5　21か所のキーポイントの2次元座標データ

　たとえば、図7-5における手首（wrist）のキーポイントのインデックスは0です。したがっ
て、2次元座標データの1番目（インデックス番号は0）の座標である、「x: 152.8164534
681258, y: 333.8168058041144」が手首のデータです。

　同様に、図7-5における人差し指先端のキーポイントのインデックスは8なので、2次元座
標データの9番目（インデックス番号は8）の座標である、「x: 109.22921522150006, y:
227.7322143741957」が人差し指先端のデータになります。

7.2 手のポーズ検出アプリの動作確認

7.2.1 アプリの外観と操作

　手のポーズ検出のサンプルアプリは、メニュー画面と手のポーズ検出画面の2画面で構成さ
れています（図7-6）。メニュー画面のリンクをクリックすると、手のポーズ検出画面に遷移しま
す。手のポーズ検出画面で左上の「戻る」リンクをクリックすると、メニュー画面へ戻ります。

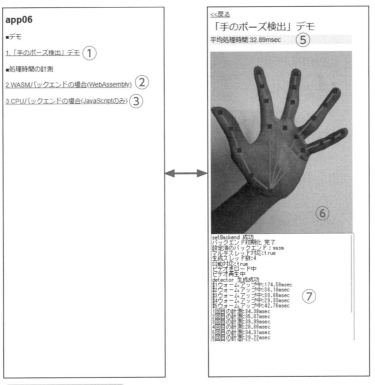

図7-6　サンプルアプリの外観

① 手のポーズ検出のデモ用リンクです。wasmバックエンドを使い、手のポーズ検出をじっくり観察できるように、継続して動作します。

② 手のポーズ検出の処理時間計測用リンクです。wasmバックエンドを使い、計測します。計測後、すぐに停止します。

③ 手のポーズ検出の処理時間計測用リンクです。CPUバックエンドを使い、JavaScriptのみの実行を計測します。計測後、すぐに停止します。

④ メニュー画面へ戻ります。手のポーズ検出中でも戻れます。

⑤ ログの最新行を表示します。

⑥ 手のポーズ検出（ビデオと21か所のキーポイントの描画）を表示します。

⑦ ログの履歴を表示します。

7.2.2　サンプルアプリ（app06）のダウンロード

本書の初めの「本書を読む前に」に記載のサポートサイトから、app06の完成版をダウンロードできます。

・ app06_YYYYMMDD.7z」（YYYYMMDDは更新日）

ダウンロードしたファイルは7zip ツールで展開し、フォルダ名は「app06_YYYYMMDD」から「app06」に変更します。

■ 7zipツール
URL https://7-zip.opensource.jp

動作確認の準備

1）ソースコードのビルド

- コマンドプロンプトを開き、cdコマンドでカレントディレクトリをapp06にします。
- コマンドプロンプトで、以下のコマンドを実行してJavaScriptのコードのビルドを行います。

```
01.bat
```

※JavaScriptソースコード（src¥sample01.src.js）を変更するたびにビルドが必要です。

2）Webサーバーの起動

- ビルド用とは別に、新たにコマンドプロンプトを開き、cdコマンドでカレントディレクトリをapp06にしてください。
- コマンドプロンプトで、以下のコマンドを実行します。

```
npm start
```

- しばらくするとローカルWebサーバー（webpack-dev-server）が起動します。
- 続いて、Webブラウザーが自動で開き、app06のメニュー画面が表示されます（図7-7）。

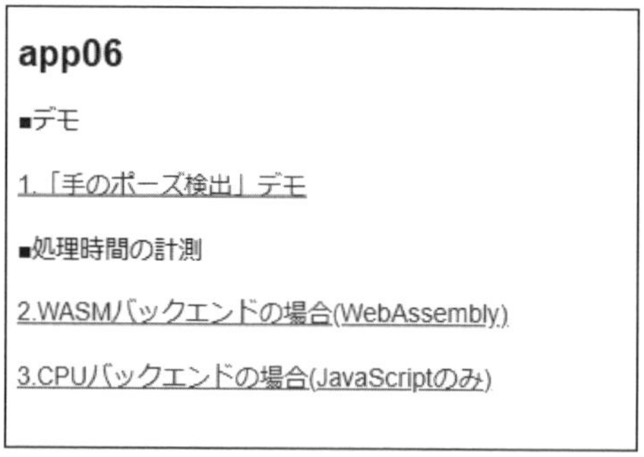

app06

■デモ

1.「手のポーズ検出」デモ

■処理時間の計測

2.WASMバックエンドの場合(WebAssembly)

3.CPUバックエンドの場合(JavaScriptのみ)

図7-7 メニュー画面の表示

なお、ローカルWebサーバーの設定ファイル（webpack.config.js）には、マルチスレッドの利用時に必要なHTTPレスポンスヘッダーを設定しています（「5.3.3 SharedArray Bufferの注意点」を参照）。

▶ 7.2.4 ▎**アプリの実行**

1）デモ（動作確認）
- app06のメニュー画面で、「1.手のポーズ検出デモ」リンクをクリックします。
- 手のポーズを録画したビデオの再生が始まります。
- しばらくすると、ビデオに21か所のキーポイントが重ねて表示されます（図7-8）。

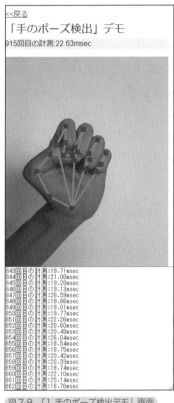

図7-8 「1.手のポーズ検出デモ」画面

- ログの履歴がビデオ下のボックスに表示されます。この表示はログが2000文字を超えるたびにクリアされます。
- デモのメニューでは、手のポーズ検出を3000回（1分程度）行い、ビデオ再生と手のポーズ検出は自動停止します。
- 画面左上の「戻る」リンクをクリックしてメニュー画面へ戻ります。

2）WASMバックエンドの処理時間計測
- app06のメニュー画面で、「2.WASMバックエンドの場合」リンクをクリックします。
- ビデオの再生が始まります。
- しばらくすると、ビデオに21か所のキーポイントが重ねて表示されます（図7-9）。

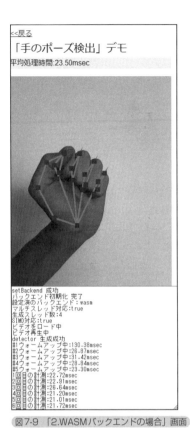

図7-9 「2.WASMバックエンドの場合」画面

- ログの履歴がビデオ下のボックスに表示されます。
- 手のポーズ検出を15回行い、ビデオ再生と手のポーズ検出は自動停止します。初めの5回は測定時間が安定するまでのウォームアップとして計測の対象外とします。
- 画面左上の「戻る」リンクをクリックしてメニュー画面へ戻ります。

ログ内容の解説

```
setBackend 成功
バックエンド初期化 完了
設定済みのバックエンド：wasm  ①
マルチスレッド対応：true  ②
生成スレッド数：4  ③
SIMD対応：true  ④
ビデオをロード中
ビデオ再生中
detector 生成成功
#1ウォームアップ中：130.38msec  ⑤
#2ウォームアップ中：26.87msec  ⑤
#3ウォームアップ中：31.42msec  ⑤
#4ウォームアップ中：28.84msec  ⑤
#5ウォームアップ中：23.30msec  ⑤
1回目の計測：22.72msec  ⑥
```

```
2回目の計測:22.91msec    ⑥
3回目の計測:26.64msec    ⑥
4回目の計測:21.20msec    ⑥
5回目の計測:21.01msec    ⑥
6回目の計測:21.72msec    ⑥
7回目の計測:27.95msec    ⑥
8回目の計測:22.39msec    ⑥
9回目の計測:24.89msec    ⑥
10回目の計測:23.54msec   ⑥
平均処理時間:23.50msec   ⑦
```

① WASMバックエンドが選択されています。

② WASMマルチスレッド機能が有効になっています。（実行環境によってはfalse）

③ WASMマルチスレッド機能で生成したスレッド数です。

④ WASMのSIMD機能が有効になっています。（実行環境によってはfalse）

⑤ 手のポーズ検出処理が安定するまで5回のウォームアップを行います。

⑥ 手のポーズ検出処理を10回繰り返します。

⑦ 手のポーズ検出を10回計測した平均値です。

3) CPUバックエンドの処理時間計測

・app06のメニュー画面で、「3.CPUバックエンドの場合」リンクをクリックします。

・ビデオの再生が始まります。処理が遅いのでフリーズしたように見えることがありますが、そのまま待ちます。

・しばらくすると、ビデオに21か所のキーポイントが重ねて表示されます。処理が間に合わず、ビデオとキーポイントの表示にズレが生じることがあります（図7-10）。

・ログの履歴がビデオ下のボックスに表示されます。

・手のポーズ検出を15回行い、ビデオ再生と手のポーズ検出は自動停止します。初めの5回は測定時間が安定するまでのウォームアップとして計測の対象外とします。

・画面左上の「戻る」リンクをクリックしてメニュー画面へ戻ります。

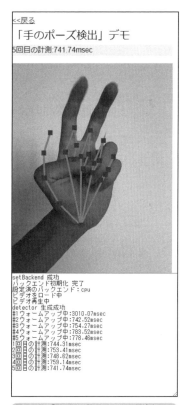

図7-10　「3.CPUバックエンドの場合」画面

```
ログ内容の解説

setBackend 成功
バックエンド初期化 完了
設定済みのバックエンド：cpu  ①
ビデオをロード中
ビデオ再生中
detector 生成成功
#1 ウォームアップ中：3010.07msec  ②
#2 ウォームアップ中：742.52msec  ②
#3 ウォームアップ中：754.27msec  ②
#4 ウォームアップ中：783.52msec  ②
#5 ウォームアップ中：778.46msec  ②
1回目の計測：744.31msec  ③
2回目の計測：753.41msec  ③
3回目の計測：748.62msec  ③
4回目の計測：759.14msec  ③
5回目の計測：741.74msec  ③
6回目の計測：772.91msec  ③
7回目の計測：729.66msec  ③
8回目の計測：735.52msec  ③
9回目の計測：733.81msec  ③
10回目の計測：713.47msec  ③
平均処理時間：743.26msec  ④
```

① CPUバックエンドが選択されています。
② 手のポーズ検出処理が安定するまで5回のウォームアップを行います。
③ 手のポーズ検出処理を10回繰り返します。
④ 手のポーズ検出を10回計測した平均値です。

4) 処理時間の比較

表7-1 処理時間の比較

	処理時間 (msec)	加速倍率[*1] （倍）
WASMバックエンド	23.50	31.6
CPUバックエンド	743.26	1.0

測定したPCの仕様

CPU：Intel Core i7 （4コア）、メモリ：16GB、グラフィックボード：なし

●結果1：高速化

WebAssemblyの利用で、約30倍の高速化が行われています。この値は、第6章のサンプルアプリでの結果とほぼ同じです。

●結果2：ビデオ入力への対応

一般的なビデオの再生速度は30FPS（1秒間に30コマ再生）です。したがって、1コマの処

---

*1 CPUバックエンドとWASMバックエンドの処理速度比

理を1秒÷30＝33msec以内に完了すれば、ビデオ入力に対応できることになります。

　表7-1からわかるように、WebAssemblyバックエンド利用時の処理時間は33msec以内なので、ビデオ入力に対応できます。一方、CPUバックエンド（JavaScriptのみ）では、33msecを大幅に超えているため、ビデオ入力に対応できません。

> **注意** **Chromeデベロッパーツールの処理時間計測への影響**
>
> 　今回のサンプルアプリでは、Chromeデベロッパーツールを開いていると、処理時間が遅くなることがありました。処理時間計測中はデベロッパーツールを閉じて、ビデオ下のボックスに表示されるログを参照することをお奨めします。

7.3 アプリのコード解説

7.3.1 アプリの構造

　手のポーズ検出アプリの、ファイル構造とそれぞれのファイルについて説明します。

1) ファイル構造

```
|   01.bat                      //webpack buildコマンド（sample01用）
|   sample01.config.js          //webpack構成ファイル（sample01用）
|   webpack.config.js           //webpack構成ファイル（ローカルWebサーバー用）
|
+---dist
|   |   favicon.ico             //faviconファイル
|   |   index.html              //HTMLファイル（メニュー画面）
|   |   sample01.html           //HTMLファイル（手のポーズ検出画面）
|   |   sample01.js             //JavaScript実行ファイル（sample01用）
|   |   style.css               //スタイルの定義 (sample01)
|   |
|   ¥---video
|           handpose_video_360x450.mp4   //手のポーズ動画
|
¥---src
        index.js                //空白
        sample01.src.js         //JavaScriptソースファイル（sample01用）
```

図7-11　app06のファイル一覧（npm関連ファイルは省略）

[表示ページとファイルの関係]

- **メニュー画面**

  HTML：dist¥index.html

CSS 　：dist¥style.css
JavaScript：なし

・**手のポーズ検出画面**
HTML：dist¥sample01.html
CSS 　：dist¥style.css
JavaScript：dist¥sample01.js（src¥sample.src.jsからビルド）

[ビルド処理]
01.batを実行すると、JavaScriptソースファイル（src¥sample01.src.js）をビルドして、JavaScript実行ファイル（dist¥sample01.js）を生成します。

2）処理フローの概要

・JavaScriptのアプリコードは、1つのJavaScriptファイル（src¥sample01.src.js）にまとめて記述されています。

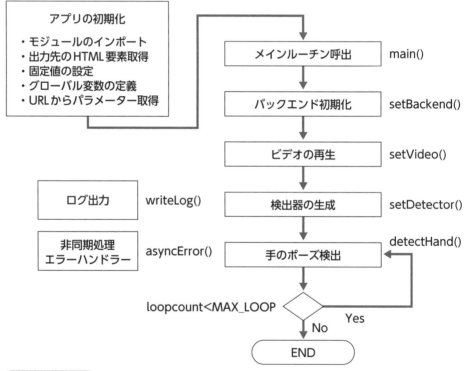

図7-12　処理フロー

① コード先頭の初期化処理が行われます。
② main()関数が、呼び出されます。
③ main()関数内で、setBackend()関数、setVideo()関数、setDetector()関数、detectHand()関数が順に呼び出されます。

④ detectHand()関数は、MAX_LOOP回（デモの時は3000回、計測の時は15回）、自分自身を呼び出し、処理を繰り返します。

⑤ MAX_LOOP回の繰り返した後、アプリを終了します。

※ 処理中のログ出力はwriteLog()関数で適宜行います。

※ 非同期処理のエラー捕捉は、catch(asyncError)で行います。

7.3.2 アプリの初期化

1）モジュールのインポート

　手のポーズ検出モデル、TensorFlow.jsのコア、WASMバックエンド、CPUバックエンドをインポートします（リスト7-1）。このインポートを行うには、事前にnpm installコマンドでモジュールをインストールしておく必要があります。インストールの際には、TensorFlow.jsのコア、WASMバックエンド、CPUバックエンド、3つのモジュールのバージョンを一致させることに留意してください（「6.3.1　WASMバックエンド（2）npmパッケージのインストール」、「6.3.3　CPUバックエンド（2）npmパッケージのインストール」を参照）。

リスト7-1　モジュールのインポート

```
//===================================
// モジュールのインポート
//===================================
// 手のポーズ検出モデル
import * as handPoseDetection
  from "@tensorflow-models/hand-pose-detection";
// TensorFlow.js
import * as tf from "@tensorflow/tfjs-core";
// WASMバックエンド
import * as tfjsWasm from "@tensorflow/tfjs-backend-wasm";
// CPUバックエンド（JavaScriptのみで動作）
import "@tensorflow/tfjs-backend-cpu";
```

2）出力先のHTML要素取得

　この後のコードで出力先として利用する、dist¥sample01.htmlで定義されたHTML要素を取得します（リスト7-2）。変数の意味は以下の通りです。

- ・video：ビデオの表示
- ・canvas：21か所のキーポイント描画
- ・msgBox：タイトル下のテキストボックス
- ・log：ビデオ下のテキストボックス

リスト7-2　出力先のHTML要素取得

```
//===================================
// 出力先のHTML要素取得
//===================================
```

```
const video = document.querySelector("#video");
const canvas = document.querySelector("#output");
const msgBox = document.querySelector("#msgBox");
const log = document.querySelector("#log");
```

3) 固定値の設定

ビデオの表示サイズと手のポーズ検出のウォームアップ回数を指定します（リスト7-3）。

リスト7-3　固定値の設定

```
//=======================================
// 固定値の設定
//=======================================
const VIDEO_WIDTH = 36Ø;
const VIDEO_HEIGHT = 45Ø;
const WARMUP_LOOP = 5;
```

4) グローバル変数の定義

アプリ全体で値の保持が必要な変数を定義します（リスト7-4）。

リスト7-4　グローバル変数の定義

```
//=======================================
// グローバル変数の定義
//=======================================
let loopCount = Ø;      //手のポーズ検出の繰り返し回数
let totalTime = Ø;      //処理時間計測の積算時間
let logMsg = "";        //ビデオ下のボックスに表示するログ履歴
let detector = null;    //ポーズ検出のため繰り返し利用
```

5) URLからパラメーター取得

URLからパラメーターを取得するコードがリスト7-5です。メニュー画面のリンクには
DEMOとBACKENDの2つのパラメーターがUrlに埋め込まれています。たとえばデモリン
クは以下のようになっています。

```
"sampleØ1.html?DEMO=true&BACKEND=wasm"
```

この例では、DEMO=true、BACKEND=" wasm" が代入されます。

リスト7-5　URLからパラメーター取得

```
//=======================================
// URL からパラメーター取得（DEMO,BACKEND）
//=======================================
//現在のURL を取得
const url = new URL(location.href);
// URLSearchParams オブジェクト取得
const params = url.searchParams;
// デモか?(true/false)
```

```
const DEMO = JSON.parse(params.get("DEMO"));
// 使用するバックエンドは？(wasm/cpu)
const BACKEND = params.get("BACKEND");
```

7.3.3 バックエンド初期化

バックエンドの初期化のコードがリスト7-6です。

リスト7-6 バックエンドの初期化

```
//===================================
// バックエンドの初期化
//===================================
async function setBackend() {

  // WASMバックエンドが利用するwasmファイルを指定；
  if (BACKEND === "wasm") {
    const baseUrl =
      "https://cdn.jsdelivr.net/npm/" +
      "@tensorflow/tfjs-backend-wasm@" +
      tfjsWasm.version_wasm +
      "/dist/";
    tfjsWasm.setWasmPaths({  ①
      "tfjs-backend-wasm.wasm":
        baseUrl + "tfjs-backend-wasm.wasm",
      "tfjs-backend-wasm-simd.wasm":
        baseUrl + "tfjs-backend-wasm-simd.wasm",
      "tfjs-backend-wasm-threaded-simd.wasm":
        baseUrl + "tfjs-backend-wasm-threaded-simd.wasm",
    });
  }

  // iOSの不具合ためマルチスレッド機能を無効化
  const ua = navigator.userAgent;
  if (ua.indexOf("iPhone") > 0 || ua.indexOf("iPad") > 0) {
    writeLog("iOSの不具合のためマルチスレッド無効化");
    tf.env().set("WASM_HAS_MULTITHREAD_SUPPORT", false);  ②
  }

  //バックエンドを設定(wasm/cpu)
  const backendResult = await tf.setBackend(BACKEND)  ③
    .catch(asyncError);
  if (backendResult) {
    writeLog("setBackend 成功");
  } else {
    writeLog("setBackend 失敗");
    throw new Error("setBackend 失敗");
  }

  //バックエンドの初期化待ち
  await tf.ready().catch(asyncError);  ④
  writeLog("バックエンド初期化 完了");

  //バックエンドの環境確認
```

```
  writeLog("設定済みのバックエンド:" + tf.getBackend());  ⑤

  // WASMバックエンド環境確認
  if (BACKEND === "wasm") {
    // マルチスレッド対応は?
    const threadSupport = await tf
      .env()
      .getAsync("WASM_HAS_MULTITHREAD_SUPPORT")  ⑥
      .catch(asyncError);
    writeLog("マルチスレッド対応:" + threadSupport);

    // 生成スレッド数は?
    const threadCount = tfjsWasm.getThreadsCount();  ⑦
    writeLog("生成スレッド数:" + threadCount);

    // SIMD対応は?
    const simdSupport = await tf
      .env()
      .getAsync("WASM_HAS_SIMD_SUPPORT")  ⑧
      .catch(asyncError);
    writeLog("SIMD対応:" + simdSupport);
  }
}
```

① WASMバックエンドが利用するWASMファイル3種類(WASMのみ、WASM+SIMD、WASM+SIMD+Threads)の場所を指定します。WASMファイルの選択は、TensorFlow.jsが実行環境を検知して自動で行います。

② iOSの環境では、WASMバックエンドのThreads機能を無効化します。詳細は、下記の「[注意]iOSにおけるWASMバックエンドの不具合」を参照してください。

③ TensorFlow.jsのバックエンドを変数BACKENDの値("wasm"または"cpu")に設定します。非同期処理のエラーはcatch(asyncError)で捕捉します。

④ バックエンド初期化を待ちます。非同期処理のエラーはcatch(asyncError)で捕捉します。

⑤ バックエンドが正しく設定されたことを確認します。

⑥ WASMバックエンドのThreads機能の有効性を確認します。非同期処理のエラーはcatch(asyncError)で捕捉します。

⑦ WASMバックエンドのスレッド生成数を確認します。既定では、CPUコア数と同じ値が設定されています。

⑧ WASMバックエンドのSIMD機能の有効性を確認します。非同期処理のエラーはcatch(asyncError)で捕捉します。

 注意 iOSにおけるWASMバックエンドの不具合

iOSの環境でWASMバックエンドのThreads機能を利用すると、tf.setBackend()で

falseが返ってくる不具合がissueとして報告されていますが、執筆時点では解決されていません（図7-13）。

　この不具合を回避するには、iOSの環境ではtf.setBackend()を実行する前に、WASMバックエンドのThreads機能を無効化します。無効化は、以下のコードで行います。

```
tf.env().set("WASM_HAS_MULTITHREAD_SUPPORT", false);
```

　なお、無効化は明示的にfalseを設定する必要があります。WASM_HAS_MULTITHREAD_SUPPORTに値が設定されていない場合、TensorFlow.jsの自動検出機能でマルチスレッドが有効化され、エラーが発生することがあります。

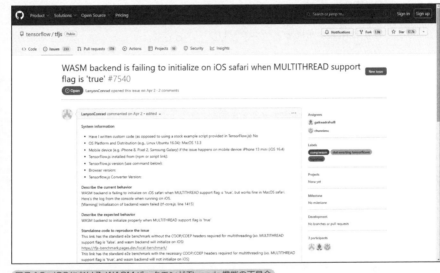

図7-13　iOSにおける WASMバックエンドThreads機能の不具合

URL https://github.com/tensorflow/tfjs/issues/7540

7.3.4　ビデオの再生

　ビデオのパラメーター設定、データのロード、再生を行います（リスト7-6）。再生するまで非同期で待機します。非同期処理のエラーはcatch(asyncError)で捕捉します。

リスト7-7　ビデオの再生

```
//====================================
// ビデオの再生
//====================================
async function setVideo() {
```

```
//パラメーター設定
video.width = VIDEO_WIDTH;
video.height = VIDEO_HEIGHT;
video.src = "video/handpose_video_360x450.mp4";

// ロード
video.load();
writeLog("ビデオをロード中");

// 再生
await video.play().catch(asyncError);
writeLog("ビデオ再生中");
}
```

7.3.5 検出器の生成

手の検出器を生成するコードがリスト7-8です。

リスト7-8　手の検出器を生成

```
//======================================
// 手の検出器を生成
//======================================
async function setDetector() {

  //モデルの取得
  const model =
    handPoseDetection.SupportedModels.MediaPipeHands;  ①

  //検出器の構成
  const detectorConfig = {  ②
    runtime: "tfjs", //固定値
    maxHands: 1, //検出する手の最大数
    modelType: "lite", //lite:速度優先、full:精度優先
  };

  //検出器の生成
  detector = await handPoseDetection
    .createDetector(model, detectorConfig)  ③
    .catch(asyncError);
  if (detector) {
    writeLog("detector 生成成功");
  } else {
    writeLog("detector 生成失敗");
  }
}
```

① 手のポーズ検出モデルを取得します。

② 検出器の構成を設定します。

③ handPoseDetection.createDetector()メソッドに、①で取得したモデルと②で設定した構成を渡し、検出器を生成します。非同期処理のエラーはcatch(asyncError)で捕捉します。生成した検知器は、グローバル変数detectorが保持します。

7.3.6 手のポーズ検出

手のポーズ検出のコードがリスト7-9～7-12です。

1）検出ルーチン［メイン］

リスト7-9　手のポーズ検出（繰り返し）

```
//===================================
// 手のポーズ検出（繰り返し）
//===================================
async function detectHand() {

    // 検出繰り返し回数（デモは3000回、計測時は15回）
    const MAX_LOOP = DEMO ? 3000 : 15;  ①

    // 繰り返し回数のカウントアップ
    loopCount++;

    // 手のポーズ検出と所要時間計測
    const startTime = performance.now();
    const hands =
        await detector.estimateHands(video).catch(asyncError);  ②
    const endTime = performance.now();
    const processTime = endTime - startTime;

    // 繰り返しがウォームアップ回数を超えているか？
    if (loopCount > WARMUP_LOOP) {
        // 超えている場合はログ表示と計測値の積算
        writeLog(
            loopCount - WARMUP_LOOP + "回目の計測:"
                + processTime.toFixed(2) + "msec"
        );
        totalTime += processTime; //積算
    } else {
        // 超えていない場合はログ表示のみ
        writeLog(
            "#" + loopCount + "ウォームアップ中:"
                + processTime.toFixed(2) + "msec"
        );
    }

    // 手の検出があるか？
    if (hands.length) {
        // 検出があればキーポイントを描画
        drawResult(hands[0].keypoints);  ③
    } else {
        writeLog("手の検出なし");
    }

    // 最大繰り返し回数に到達？
    if (loopCount < MAX_LOOP) {
        // 未到達の場合は検出処理を再度呼び出し
        requestAnimationFrame(detectHand);  ④
    } else {
```

```
  // 到達の場合はビデオ停止、平均処理時間を出力
  video.pause();
  const averageTime =
    (totalTime / (MAX_LOOP - WARMUP_LOOP)).toFixed(2);
  writeLog("平均処理時間:" + averageTime + "msec");
  }
}
```

① 検出繰り返し回数（MAX_LOOP）の値を設定します。デモは3000回、計測時は15回です。

② 生成済みの検知器を使い、detector.estimateHands()にHTMLビデオ要素を渡し、手のポーズ検出を行います。非同期処理のエラーはcatch(asyncError)で捕捉します。検出結果はhands変数に代入します。

③ 検出結果から21か所のキーポイントをdrawResult()関数に渡して、線と点の描画を任せます。

④ 次のビデオ入力を処理するため、自分自身detectHand()関数を呼び出します。このようなケースでは、requestAnimationFrame（コールバック関数）を利用すると、canvasの描画に最適なタイミングでコールバック関数を呼び出してくれます。詳細は図7-14の情報を参照してください。

図7-14　requestAnimationFrame()の紹介

URL https://developer.mozilla.org/ja/docs/Web/API/window/requestAnimationFrame

2）キーポイントを描画 ［サブ］

リスト7-10　キーポイントを描画

```
//====================================
// キーポイントを描画
//====================================
function drawResult(keypoints) {
```

```javascript
// 指ごとに線で結ぶキーポイントの配列
const fingerLookup = {                    ①
  thumb: [0, 1, 2, 3, 4], //親指
  indexFinger: [0, 5, 6, 7, 8], //人差し指
  middleFinger: [0, 9, 10, 11, 12], //中指
  ringFinger: [0, 13, 14, 15, 16], //薬指
  pinky: [0, 17, 18, 19, 20], //小指
};

// ビデオに上書きするcanvasを生成
canvas.width = VIDEO_WIDTH;
canvas.height = VIDEO_HEIGHT;
const ctx = canvas.getContext("2d");

// canvasをクリア
ctx.clearRect(0, 0, canvas.width, canvas.height);

// 指の名前リストを取得
const fingers = Object.keys(fingerLookup);  ②
for (let i = 0; i < fingers.length; i++) {
  // 指ごとのキーポイント間を線で描画
  const finger = fingers[i];  ③
  const points =
    fingerLookup[finger].map((index) => keypoints[index]);  ④
  drawLine(ctx, points);  ⑤
}

// キーポイントの点を描画
for (let i = 0; i < keypoints.length; i++) {
  drawPoint(ctx, keypoints[i].x, keypoints[i].y);  ⑥
}
}
```

① fingerLookupオブジェクトは、21か所のキーポイントを指ごとに線で結ぶために参照するデータです。

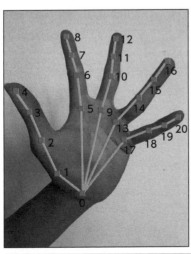

図7-15　キーポイントとインデックス番号の関係図

図7-15を見てわかるように、指ごとに線で結ぶキーポイントのインデックス番号は以下のようになります。このデータをオブジェクトで表現したものです。指ごとに5個のインデックス番号を持ちます。

```
親指の線：0、1、2、3、4
人差指の線：0、5、6、7、8
中指の線：0、9、10、11、12
薬指の線：0、13、14、15、16
小指の線：0、17、18、19、20
```

　このデータとfingerLookupオブジェクトを比べてみてください。同一のデータ構造です。

② fingerLookupからキー（指の名前）を取得します。結果は以下になります。
fingers=［"thumb"，"indexFinger"，"middleFinger"，"ringFinger"，"pinky"］

③ 指の名前を順に呼び出します。たとえば、i=0のとき、fingers[0]の値は"thumb"です。

④ 指の名前を指定して、キーポイントのインデックス番号を取得します。
[0, 1, 2, 3, 4]
このインデックス番号のキーポイントオブジェクトを取得して、オブジェクト配列としてpoints変数に代入します。
・データ例：
0: {x: 152.8164534681258, y: 333.8168058041144, name: 'wrist'}
1: {x: 99.96713221381782, y: 306.226970285497, name: 'thumb_cmc'}
2: {x: 63.54409734320228, y: 247.41088165669288, name: 'thumb_mcp'}
3: {x: 75.77096839197942, y: 193.593433462897, name: 'thumb_ip'}
4: {x: 117.13935273585702, y: 166.87970430452967, name: 'thumb_tip'}

⑤ drawLine()に④で取得した座標のオブジェクト配列を渡して、線の描画を依頼します。

⑥ drawPoint()に21か所のキーポイントのx,y座標を渡して、点の描画を依頼します。

3) 線の描画［サブ］

リスト7-11　指定されたポイント間を結ぶ線を描画

```
//=================================
// 指定されたポイント間を結ぶ線を描画
//=================================
function drawLine(ctx, points) {

  // 線の色と幅を設定
  ctx.strokeStyle = "red";
  ctx.lineWidth = 4;

  // パスを初期化
  ctx.beginPath();

  // パス始点の移動
  ctx.moveTo(points[0].x, points[0].y);  ①

  // ポイント間をパスでつなぐ
  for (let i = 1; i < points.length; i++) {
    ctx.lineTo(points[i].x, points[i].y);  ②
  }

  // 線を描画
  ctx.stroke();  ③
}
```

① 受け取ったpoints配列の1番目の座標を始点にします。

② それ以降のpoints配列の座標をパスでつなぎます。

③ 線をcanvasに描画します。

4) 点の描画［サブ］

受け取った座標(x,y)を中心とする四角形をcanvasに描画します。

リスト7-12　指定されポイントに四角形の点を描画

```
//=================================
// 指定されポイントに四角形の点を描画
//=================================
function drawPoint(ctx, x, y) {

  // 四角形の色を指定
  ctx.fillStyle = "blue";

  //四角形のサイズ
  const POINT_WIDTH = 10;
  const POINT_HEIGHT = 10;

  // パスを初期化
  ctx.beginPath();

  // 四角形の座標と大きさを指定
  ctx.rect(
```

```
    x - POINT_WIDTH / 2,
    y - POINT_HEIGHT / 2,
    POINT_WIDTH,
    POINT_HEIGHT
  );

  // 四角形を描画
  ctx.fill();
}
```

▶ 7.3.7 main()関数

　メインルーチンがリスト7-13です。main()関数は、「7.3.2　アプリの初期化」の後で、呼び出されます。非同期で上から順に関数を呼び出します。

リスト7-13　メインルーチン

```
//======================================
// メインルーチン
//======================================
async function main() {
  await setBackend();    //バックエンド初期化
  await setVideo();      //ビデオの再生
  await setDetector();   //検出器の生成
  await detectHand();    //手のポーズ検出
}
```

▶ 7.3.8 その他

1）ログ出力
　リスト7-14がログ出力のコードです。

リスト7-14　ログ出力

```
//======================================
// ログを出力
//======================================
function writeLog(msg) {

  // タイトル下にメッセージ出力（1行）
  msgBox.innerText = msg;

  // ビデオ下のボックスにログ出力
  if (logMsg.length > 2000) {
    // 2000文字以上でログをクリア
    logMsg = "";   ①
  }
  logMsg += msg + "¥n";
  log.value = logMsg;
```

```
  // コンソールログ出力
  console.log(msg);
}
```

> ① ビデオ下のボックスのログ出力の肥大化を防止するため、2000文字を超えるごと
> にログをクリアします。

2) 非同期エラーハンドラー

リスト7-15が非同期処理のエラーハンドラーです。非同期処理のエラーは
catch(asyncError)で捕捉します。

リスト7-15 非同期処理のエラーハンドラー

```
//====================================
// 非同期処理のエラーハンドラー
//====================================
function asyncError(e) {

  // エラーメッセージを出力
  const str = e.toString();
  writeLog(str);

  // 強制終了
  throw new Error(str);
}
```

7.4 マルチプラットフォーム対応

　ここまでは、Windows環境で動作確認や処理速度の評価などを行ってきました。しかし、
手のポーズ検出アプリはWebブラウザーで動作しているので、マルチプラットフォーム対応
が可能なのか気になると思います。
　そこで7種類の実行環境で本章のサンプルアプリを実行して、動作確認と処理速度の評価を
行いました。

7.4.1　測定環境

1) Webサーバー

　ローカルWebサーバーでは、スマートフォンの動作確認が面倒なので、インターネット上
のWebサーバーにapp06に必要なファイルをアップロードし、WebAssemblyのマルチス
レッド機能使用時に必要なHTTPレスポンスヘッダーを設定しました（「5.3.3　SharedArray
Bufferの注意点」を参照）。

・Url

https://staffnet.co.jp/wasm/app06/index.html

・QRコード

2）Webブラウザー環境

Google Chromeを使用しました（Windows版、macOS版、Android版、iOS版）。

3）使用したデバイス（括弧内は発売年）

#1：Windows 11 Desktop（2021年）
　　Intel Core-i9 11900
#2：Windows10 Desktop（2014年）
　　Intel Core-i7 4790s
#3：MacBook Air（2022年）
　　M2
#4：MacBook Pro（2020年）
　　Intel Core-i5
#5：Android Google Pixel7a（2023年）
#6：iPhone SE（2020年）
#7：iPhone X（2017年）

7.4.2　測定結果

1）マルチプラットフォーム対応

　すべての環境で正常動作を確認しました。ただし、iOSにおいてWASMバックエンドのThreads機能に不具合が発生しました。そのため、iPhone(#6#7)はThreads機能を無効にして動作確認と処理時間の計測を行いました。詳細は、「7.3.3　バックエンド初期化―［注意］iOSにおけるWASMバックエンドの不具合」を参照してください。

2）高速化

　WebAssemblyの利用で、30〜50倍程度大幅に高速化されています。マルチスレッド機能が無効であるのにも関わらず、iPhoneでの速度向上が顕著でした。

3）ビデオ入力への対応（33msec以内に処理）

　WASMバックエンド（WebAssembly+SIMD+Threads）を利用すれば、今回測定したすべての環境でビデオ入力に対応できました。CPUバックエンド（JavaScriptのみ）では、どの

環境においても処理が遅すぎてビデオ入力に対応できません。

4）測定データ

表7-2　マルチプラットフォームでの測定結果

		発売時期(年)	WASM バックエンド (msec)	CPU バックエンド (msec)	加速倍率（倍）
#1	Win11 desktop (Core i9-11900)	2021	16	605	39
#2	Win10 desktop (Core i7-4790s)	2014	25	803	32
#3	MacBook Air（M2）	2022	16	689	43
#4	MacBook Pro (Intel Core i5)	2020	26	689	26
#5	Android Pixel7a	2023	21	700	33
#6	iPhoneSE（第2世代）	2020	27	1,151	42
#7	iPhoneX	2017	32	1,558	48

注1）加速倍率はCPUバックエンドとWASMバックエンドの速度比の値です。

注2）#6と#7は不具合のためWASMマルチスレッド機能は無効になっています。詳細は、「7.3.3　バックエンド初期化―［注意］iOSにおけるWASMバックエンドの不具合」を参照してください。

注3）環境により測定値は大きく変化します。

次のステップ

　ここまでが、「第7章　機械学習サンプルアプリの実装」になります。

　CPU交換やグラフィックボード追加など、ハードウェアの増強なしで、WebAssemblyが機械学習アプリにおいて超高速処理を実現することを確認しました。あまりの高速性に驚きを感じた人も多いと思います。さらに、このサンプルアプリは、「インストール不要でスグに使える」、「ブラウザーがあればどこでも使える」、「マルチプラットフォーム対応が容易」、「リンクを送れば簡単に共有できる」といった、Webアプリの特長がそのまま残っています。

　つまりWebAssemblyは、機械学習だけでなく、メタバースなどの高度な演算処理が必要な分野で幅広く活用できます。次のステップは、あなたのアイデア次第です。

索 引